现代化工"校企双元"人才培养职业教育改革系列教材
编写委员会

现代化工"校企双元"人才培养
职业教育改革系列教材

精馏

叶国青　主编
冷士良　主审

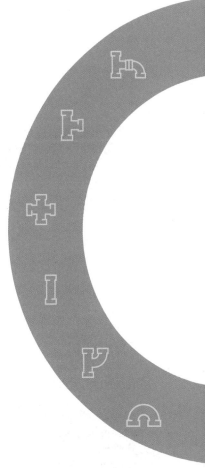

化学工业出版社
·北京·

内容简介

　　《精馏》是为理工类院校化工类及相关专业的学生学习精馏而编写的教材。全书分为主教材和工作页（活页式）。主教材中设置了四个学习情境，主要包括精馏的认知、精馏装置开车前的准备、精馏装置操作和其他类型的精馏。工作页（活页式）针对精馏装置开车前的准备、精馏装置操作开展具体的工作任务。

　　本书渗透了德育教育和新发展理念，将人文素养、安全思维、法律法规以及绿色化、智能化、信息化等元素融入，是引导学生树立正确世界观、人生观、价值观的化工类专业教材。书中配套丰富的数字化资源，可提高学生自主学习的兴趣。

　　本书可作为高职、中职化工类及相关专业的教材和教学参考书，也可作为全国职业院校技能大赛化工生产技术项目的培训指导用书，还可供相关企业人员参考。

图书在版编目（CIP）数据

精馏 / 叶国青主编 . -- 北京 : 化学工业出版社，2025. 5. -- ISBN 978-7-122-46313-5

Ⅰ. TQ028.3

中国国家版本馆CIP数据核字第2024JN2676号

责任编辑：提　岩　旷英姿　熊明燕
文字编辑：崔婷婷
责任校对：宋　玮
装帧设计：王晓宇

出版发行：化学工业出版社
　　　　　（北京市东城区青年湖南街13号　邮政编码100011）
印　　装：中煤（北京）印务有限公司
787mm×1092mm　1/16　印张12　字数231千字
2025年6月北京第1版第1次印刷

购书咨询：010-64518888
售后服务：010-64518899
网　　址：http://www.cip.com.cn
凡购买本书，如有缺损质量问题，本社销售中心负责调换。

定　　价：48.00元

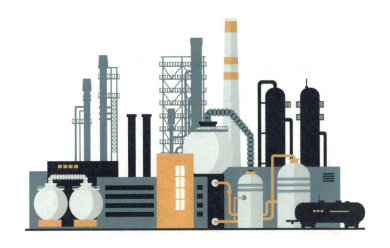

　　化工创造美好生活！精馏是应用最广泛、技术最成熟的化工分离技术之一，被广泛应用于石油、化工、食品、制药和新材料等行业领域中。精馏是化工专业核心课程的重要内容。为深入贯彻落实国家《关于推动现代职业教育高质量发展的意见》关于"改进教学内容与教材"文件精神，完善"岗课赛证"综合育人机制，按照生产实际和岗位需求设计开发课程，开发模块化、系统化的实训课程体系，提升学生实践能力，众多化工类职业院校在深化精馏项目教学、开拓精馏实训装置方面需求与日俱增。

　　本教材按照实际化工生产一线精馏操作岗位需求，以工作任务与职业能力分析为依据进行编写。主教材和配套工作页以典型的精馏生产过程为载体，以精馏操作工作任务为导向，以岗位操作技能为目标，围绕角色"小刘"进行精馏操作的人物设置，按照工作步骤设置了"精馏的认知、精馏装置开车前的准备、精馏装置操作（包含开车、稳定运行、异常处理和停车分析）、其他类型的精馏"四个学习情境，下设多个分解任务。教材体例由任务描述、学习目标、知识准备、任务实施组成，并且配有实战演练（实践操作项目工作页）和巩固练习。教材打破传统精馏教材的知识体系，将理论知识巧妙地贯穿于工作任务之中，结构新颖，条理清晰，实用性强。

本教材具有以下特色：

（1）教材中充分融入德育教育，在培养操作技能的同时，帮助学生树立正确的人生观与价值观，培养家国情怀。

（2）汲取德国双元制教学精髓，以典型的精馏操作工作任务为导向，将涉及的理论知识有机融入操作主线，主教材和工作页相配合，培养学生综合职业素养。

（3）企业专家参与教材编写以及相关数字化资源开发，在数字化资源中融入化工企业的真实情境、生产任务和鲜活案例，打造真正贴合生产岗位的实用型教材。

（4）教材中的精馏装置采用全国职业院校技能大赛"化工生产技术"的中试精馏装置，将职业技能大赛内容有机融入教材，把技能大赛赛项标准融入实训教学，体现"岗课赛证"的有机融合。

（5）教材中融入丰富的图片、视频、3D 和 2D 动画等数字化资源，更形象生动，便于学生学习。

本教材既注重精馏的生产理论和技术，也拓展了当前企业的精馏新技术，让理论知识与生产实际密切联系，与时俱进，提升专业教材实用性。同时，有助于职业院校新建精馏实训装置，可为融入先进国际标准、体现综合职业素养的实训操作项目开发提供指导。

本教材中的数字化资源可通过扫描二维码学习，详见二维码资源目录。

本教材由上海现代化工职业学院叶国青担任主编，上海现代化工职业学院周艳玲、茂名职业技术学院陈颖峰、宁波职业技术学院鲁闯和姚鹏军、东营职业学院霍连波和成都石化工业学校张皓共同参与编写。具体编写分工如下：周艳玲负责学习情境一和学习情境四的编写，陈颖峰和鲁闯负责学习情境二及其工作页的编写，霍连波、叶国青、张皓和姚鹏军负责学习情境三及其工作页的编写。全书由叶国青统稿，徐州工业职业技术学院冷士良教授主审。

在本书的编写和资源开发过程中，科思创（中国）上海一体化基地俞亮、中国石油四川石化有限责任公司刘昕、浙江中控科教仪器设备有限公司雷继红以及宁波龙欣精细化工有限公司陈春飞等企业专家给予了很大的帮助，使本书内容更贴近化工职业和化工生产实际，体现"岗课赛证"的有机融合。上海应用技术大学化学与环境工程学院教授陈桂娥、上海市材料工程学校正高级讲师金怡、科思创（中国）上海一体化基地陈建强对编写工作也提出了许多宝贵意见和建议，在此一并致以衷心的感谢！

由于编者水平所限，书中不足之处在所难免，恳请读者批评指正。

编者

2025 年 1 月

目录

学习情境三
精馏装置操作　49

附录　139

参考文献　141

二维码资源目录

序号	情境编码	资源名称	资源类型	页码
1	1-1	精馏原理	2D 动画	21
2	1-2	精馏塔泡罩塔板	3D 动画	22
3	1-3	精馏塔浮阀塔板	3D 动画	23
4	2-1	精馏装置主要设备	微课	30
5	2-2	精馏装置主要仪表	微课	33
6	2-3	精馏装置工艺流程	微课	38
7	2-4	操作线方程	2D 动画	43
8	2-5	不同温度下酒精计示值与体积分数或质量分数换算表	文档	47
9	3-1	进料热状况	2D 动画	52
10	3-2	逐板计算法求理论塔板数	2D 动画	55
11	3-3	精馏装置塔釜（再沸器）进原料液	微课	57
12	3-4	精馏装置塔釜（再沸器）加热	微课	64
13	3-5	精馏装置全回流操作	微课	70
14	3-6	精馏装置部分回流操作	微课	74
15	3-7	回流比对精馏操作的影响	2D 动画	78
16	3-8	精馏装置部分回流调节至稳定	微课	82
17	3-9	精馏装置停车操作	微课	117

学习情境一
精馏的认知

情境描述

> 　　小刘是一名化工技术类专业的学生，对化工分离技术中的精馏生产有着深厚的兴趣。小刘在操作精馏装置之前，必须先对蒸馏和精馏有一定的认识，了解其在化工生产中的应用，掌握其工艺过程，熟悉其操作设备。精馏过程是汽液相间的相际传热，传质过程，汽液相平衡关系是指导精馏操作的重要依据和理论基础，这也是小刘必须掌握的。

学习任务一　认识蒸馏

任务描述

　　小刘在操作精馏装置之前，要清楚精馏与蒸馏之间的关系，知晓蒸馏的概念、蒸馏的分类等基础知识。无论是蒸馏还是精馏，汽液相平衡关系都是操作的依据，是一名精馏操作工必须掌握的理论基础，是小刘要学习的重要部分。小刘在学习精馏之前，先要学习蒸馏中的一种比较简单的操作——简单蒸馏。

学习目标

知识目标

1. 能陈述蒸馏的概念、特点及其所分离组分的性质。

2. 能归纳蒸馏的分类。

3. 能陈述相组成及换算方法。

4. 能解释汽液相平衡关系。

5. 能陈述简单蒸馏。

技能目标

1. 能通过 p–x 相图、t–x–y 相图和 y–x 相图对蒸馏进行分析。

2. 能根据具体装置简单了解蒸馏操作的流程。

素质目标

1. 具备对蒸馏学习过程中获取的信息进行归纳分析的能力。

2. 具备良好的职业道德和团队合作精神。

 知识准备

　　化工生产中常常要将混合物进行分离，以实现产品的提纯和回收，或是原料的精制。对于均相液体混合物，最常用的分离方法是蒸馏。

一、蒸馏

1. 基本概念

　　蒸馏是利用互溶（均相）液体混合物中各组分挥发能力的不同，将混合物分离成较纯组分的单元操作。混合液中各组分的物理性质是不一样的，有的组分挥发能力强，容易从混合液中"逃逸"出来，称为易挥发组分。有的则挥发能力弱，不容易从混合液中"逃逸"出来，称为难挥发组分。蒸馏操作中，蒸馏塔（或蒸馏釜）顶部送出的蒸汽经冷凝器冷凝后，作为蒸馏产物的那部分液体称为馏出液；精馏操作中的蒸馏塔（或蒸馏釜）塔底产品液称为釜残液，又叫釜液、残液。蒸馏实验装置如图 1-1-1 所示。

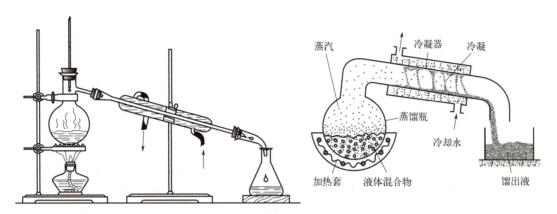

图1-1-1　蒸馏实验装置

蒸馏所处理的互溶液体混合物中，除了各组分挥发能力不同之外，其他性质是否也有所不同？

2. 蒸馏的特点

（1）通过蒸馏分离可以直接获取所需要的产品，而吸收、萃取等分离方法，由于有外加的溶剂，需进一步使所提取的组分与外加组分进行分离，因而蒸馏操作流程通常较为简单。

（2）蒸馏过程适用于各种浓度混合物的分离，而吸收、萃取等操作，只有被提取组分浓度较低时才比较经济。

（3）蒸馏分离的适用范围广，不仅可以分离液体混合物，还可用于气态和固态混合物的分离。例如，可将空气加压液化，再用精馏方法获得氧、氮等产品；再如，脂肪酸的混合物，可用加热使其熔化，并在减压下建立汽液两相系统，用蒸馏方法进行分离。

（4）蒸馏操作是通过对混合液加热建立汽液两相体系的，所得到的汽相还需再冷凝液化。因而，蒸馏操作耗能较大。蒸馏过程中的节能是需要考虑的一个问题。

蒸馏是一种常见的分离技术，它利用不同物质的挥发性差异实现分离，从而实现高纯度的产品制备。

3. 蒸馏的主要用途

（1）工业制品的制造　在工业制品的生产中，蒸馏是一种不可或缺的技术。例如，炼油厂中的原油经过蒸馏可以得到不同的油品，如汽油、柴油、液化气等。化学工业中也广泛应用蒸馏技术，如将天然气蒸馏得到液化气、将水进行蒸馏以得到高纯度的水等。

（2）食品加工　蒸馏技术在食品加工方面也有广泛应用。例如，酿造白酒时需要将酒精分离出来，就需要进行蒸馏。还有一些特殊的食品如香草提取物、柠檬酸等，也需要通过蒸馏进行提取。

（3）医药制品的制造　医药制品的制造也需要蒸馏技术。例如，生产药用酒精时需要进行蒸馏，制造某些药品时也需要用到蒸馏技术。

（4）环境保护　蒸馏技术在环境保护方面也有应用。例如，将工业废气通过蒸馏技术进行处理可以得到高纯度的化学品，减轻环境污染。

（5）实验室研究　蒸馏技术也是实验室中常用的一种技术。例如，在化学中通常会用到蒸馏来纯化化合物，或者从混合物中分离出某一化合物。

 小贴士

> 蒸馏技术是应用广泛、技术较为成熟的化工分离技术，被广泛用于石油、化工、食品、制药和新材料等行业领域中。无论是我们的日常衣食住行，还是航空航天以及国家安全，都离不开化工的发展。我国正逐渐从化工大国向化工强国转变，化工行业也在向智能化、高端化、绿色化、安全化的方向发展，为创造美好生活发挥着日益重要的作用。

4. 蒸馏所分离组分的性质

蒸馏所处理各组分的挥发能力不同，也必然造成其挥发度、饱和蒸气压和沸点的不同。下面先简单介绍几个概念。

（1）挥发度　挥发度表示某种纯粹物质（液体或固体）在一定温度下饱和蒸气压的大小，可以表示挥发能力的大小。同一液体在不同的温度下具有不同的挥发度，挥发度随着温度的升高而增大。若某液体容易汽化，即挥发能力大，其挥发度也大。

（2）饱和蒸气压　在液体（或者固体）的表面存在着该物质的蒸气，这些蒸气对液体表面产生的压力就是该液体的蒸气压。一定的温度下，与同种物质的液态（或固态）处于平衡状态的蒸气所产生的压力叫饱和蒸气压。饱和蒸气压越大，表示该物质越容易挥发。

如图 1-1-2 所示，不同液体具有不同的饱和蒸气压，挥发能力大的液体位于曲线图的左侧，挥发能力小的液体位于曲线图的右侧；同一液体在不同的温度下，具有不同的饱和蒸气压，饱和蒸气压随着温度的升高而升高；在一定的温度下，各种液体的饱和蒸气压亦是确定的。

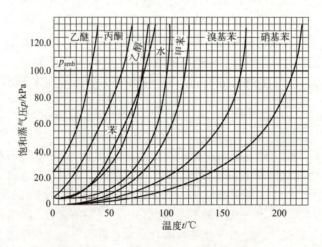

图1-1-2　饱和蒸气压温度曲线图

（3）沸点　在一定压力下，某物质的饱和蒸气压与此压力相等时对应的温度，是液体发生沸腾时的温度。沸腾是在一定温度下液体内部和表面同时发生的剧烈汽化现象。当液体沸腾时，在其内部所形成的气泡中的饱和蒸气压必须与外界施予的压力相等，气泡才有可能长大并上升，所以，沸点也就是液体的饱和蒸气压等于外界压力时的温度。

例如，乙醚在 20℃时饱和蒸气压为 58652Pa（440mmHg），低于大气压，温度稍有升高，使乙醚的饱和蒸气压与大气压相等，将乙醚加热到 35℃即可沸腾。液体中若含有溶质，则对液体的沸点亦有影响。液体中含有溶质后，它的沸点要比纯净的液体高，这是由于存在溶质后，液体分子之间的引力增加了，液体不易汽化，饱和蒸气压也较小。

液体的沸点跟外部压力有关。当液体所受的压力增大时，它的沸点升高；压力减小时，沸点降低。例如，蒸汽锅炉里的蒸汽压力，有几十个大气压，锅炉里的水的沸点可达 200℃以上。又如，在高山上煮饭，水易沸腾，但饭不易熟。这是由于大气压随地势的升高而降低，水的沸点也随高度的升高而逐渐下降。在海拔 1900m 处，大气压约为 79800Pa（600mmHg），水的沸点是 93.5℃，沸点低的一般先汽化，而沸点高的一般较难汽化。

在相同的大气压下，液体不同，沸点亦不相同。这是因为饱和蒸气压和液体种类有关。

标准大气压下，液体的沸点温度可以用来衡量液体的挥发性。例如：如图 1-1-2 所示，乙醚易于挥发，在标准大气压下仅在 34.5℃时就沸腾。与此相反，硝基苯难于汽化，标准大气压下在温度 210℃时才沸腾。

利用蒸气压曲线图可以得到规定压力下的沸腾温度。例如：如图 1-1-2 所示，标准大气压下溴基苯的沸点是 166℃，压力 10kPa 下溴基苯的沸点是 70℃。

（4）挥发度、饱和蒸气压、沸点之间的关系　综上所述，蒸馏所处理的互溶液体混合物中挥发能力大（即挥发度大）的液体，其同温度下的饱和蒸气压大，同一外压下的沸点低，此组分称为易挥发组分、低沸点组分、轻组分，用 A 表示；挥发能力小的液体（即挥发度小），其同温度下的饱和蒸气压小，同一外压下的沸点高，此组分称为难挥发组分、高沸点组分、重组分，用 B 表示。

故蒸馏的分离依据是互溶液体混合物中各组分在同温度下挥发能力（挥发度）不同，或各组分在同温度下饱和蒸气压不同，或各组分在同一外压下沸点不同。

🌀 **小贴士**

综上所述，挥发能力决定沸点的高低，饱和蒸气压通常可以表证挥发能力的大小。三者之间是息息相关的，一个不同，其他两个也会不同。

各组分挥发能力、饱和蒸气压和沸点的不同都有一个前提，挥发能力和饱和蒸气压要同温度下才可以比较，沸点要同一外压下才可以比较。小到对比实验，大到国家大事，也必须条件相同才有比较的意义。

5. 蒸馏的分类

根据不同的分类标准，有如图 1-1-3 所示的几种分类。

（1）按操作方式分为简单蒸馏、闪蒸、精馏和特殊精馏等　简单蒸馏和闪蒸一般适用于容易分离的或是分离要求不高的物系；精馏适用于分离各种物系以得到较纯的产品，是工业应用最广的蒸馏方法；特殊精馏适用于较难分离的或普通精馏不能分离的物系。工业上常用的特殊精馏有萃取精馏、恒沸精馏和加盐精馏，它们均是通过在混合液中加入某种添加物来增大待分离组分间的相对挥发度，使难以用普通蒸馏分离的混合液变得易于分离。

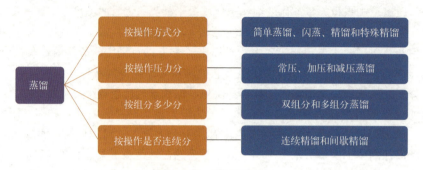

图1-1-3 蒸馏分类

（2）按操作压力可分为常压、加压和减压蒸馏 一般情况，大都采用常压蒸馏，对于沸点较高且又是热敏性的混合液，则可采用减压蒸馏；对于沸点低的混合物系，常压、常温下呈气态，或者常压下的沸点甚低、冷凝较困难者，则应采用加压蒸馏，如空气分离等。如图 1-1-4 所示，在常压塔内进行常压蒸馏，在减压塔内进行减压蒸馏。

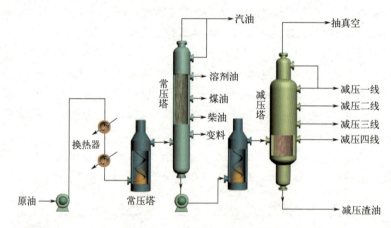

图1-1-4 减压蒸馏流程图

（3）按待分离混合液中组分的数目可分为双组分精馏和多组分精馏 化工生产中大部分为多组分精馏。

（4）按操作方式是否连续可分为间歇蒸馏和连续蒸馏 工业生产中以连续蒸馏为主，间歇蒸馏仅应用于小规模生产或某些有特殊要求的场合。

二、汽液相平衡关系

汽液两相接触，液相中的分子不断地挥发到汽相，汽相中的分子不断地凝结到液相。当汽化速度和凝结速度相等时，液相和汽相的量及浓度均不再发生变化，汽液两相达到动态平衡，这种状态称为汽液相平衡状态，也叫饱和状态。这时，液面上方的蒸气称为饱和蒸气，蒸气的压力称为饱和蒸气压，溶液称为饱和液体，相应的温度称为饱和温度。汽、液两相达到平衡状态下的浓度关系，称为汽液相平衡关系。它是分析蒸馏原理和解决精馏计算问题的基础，可以用方程表示，也可以用图表示。

小贴士

汽液平衡是一种动态平衡。从宏观角度看，它是静止的，没有物质从汽相中进入液相，也没有物质从液相进入汽相，即没有任何物质在相际间传递，但是微观上仍有方向相反的物质在相际间传递，且速度相等。一旦外部条件发生变化，这种平衡就会被打破。所以说，运动是绝对的，静止是相对的，我们需要辩证地看待汽液平衡中运动和静止的问题。

1. 相组成的表示方法

混合物中相的组成有多种表示方法，在讨论蒸馏的过程与计算中，常用的有质量分数与摩尔分数。

（1）质量分数　混合物中某组分的质量与总质量的比值，称作该组分的质量分数。用符号 ω 表示。

显然，任何一个组分的质量分数都小于 1，各组分的质量分数之和等于 1。

对于双组分混合液，$\omega_A = \dfrac{m_A}{m}$，$\omega_B = \dfrac{m_B}{m}$，$\omega_A + \omega_B = 1$。

（2）摩尔分数　混合物中某组分的物质的量与总物质的量的比值，称为该组分的摩尔分数。组分在液相中的摩尔分数用 x 表示，在汽相中的摩尔分数用 y 表示。

同样任何一个组分的摩尔分数都小于 1，各组分的摩尔分数之和等于 1。

对于双组分混合液，

液相：$x_A = \dfrac{n_A}{n}$，$x_B = \dfrac{n_B}{n}$，$x_A + x_B = 1$

汽相：$y_A = \dfrac{n_A}{n}$，$y_B = \dfrac{n_B}{n}$，$y_A + y_B = 1$

（3）质量分数与摩尔分数的换算　对于双组分混合液，质量分数转换为摩尔分数的公式：

$$x_A = \frac{\omega_A / M_A}{\omega_A / M_A + \omega_B / M_B} \tag{1-1-1}$$

式中　M——摩尔质量，g/mol。

摩尔分数转换为质量分数的公式：

$$\omega_A = \frac{M_A x_A}{M_A x_A + M_B x_B} \tag{1-1-2}$$

计算

含乙醇 20%（摩尔分数）的水溶液，试求乙醇溶液的质量分数。

2. 双组分理想溶液的汽液平衡关系

理想物系包括两个含义，即液相为理想溶液，汽相为理想气体。

理想溶液遵循拉乌尔定律。根据溶液中同分子间与异分子间作用力的差异，将溶液分为理想溶液和非理想溶液。对于双组分溶液，当两组分（A+B）的性质相近，液相内相同分子间的作用力（f_{AA}、f_{BB}）与不同分子间的作用力（f_{AB}）相近，各组分分子体积大小相近，宏观上表现为：两组分混合时既无热效应也无体积效应，这种溶液称为理想溶液。严格地说，理想溶液是不存在的，但对于性质极相近、分子结构相似的组分所组成的溶液，例如苯 - 甲苯、甲醇 - 乙醇、烃类同系物等，都可视为理想溶液。

理想气体服从理想气体状态方程和道尔顿分压定律。一般认为温度大于 500K 或者压强不高于 $1.01×10^5$Pa 时的气体为理想气体。

（1）汽液相平衡方程

① 用饱和蒸气压表示的汽液相平衡方程。理想溶液遵循拉乌尔定律，即在一定温度下，稀溶液上方蒸气中某一组分的分压，等于该纯组分在该温度下的饱和蒸气压乘以该组分在溶液中的摩尔分数，故：

$$p_A = p_A^0 x_A \qquad (1\text{-}1\text{-}3)$$

$$p_B = p_B^0 x_B = p_B^0(1 - x_A) \qquad (1\text{-}1\text{-}4)$$

式中　p_A、p_B ——溶液上方A、B两组分的蒸气压，kPa；

　　　p_A^0、p_B^0 ——在溶液温度下纯组分 A、B 的饱和蒸气压，kPa；

　　　x_A、x_B ——液相中 A、B 两组分的摩尔分数。

理想气体服从道尔顿分压定律，即某一气体在气体混合物中产生的分压等于在相同温度下它单独占有整个容器时所产生的压力；而气体混合物的总压等于其中各气体分压之和，故：

$$p_A = py_A \qquad p_B = py_B \qquad p = p_A + p_B$$

根据拉乌尔定律和道尔顿分压定律的相关公式，可以得出：

$$p = p_A + p_B = p_A^0 x_A + p_B^0(1 - x_A) \qquad (1\text{-}1\text{-}5)$$

式中　p ——汽相总压，kPa。

于是，

$$x_A = \frac{p - p_B^0}{p_A^0 - p_B^0} \qquad (1\text{-}1\text{-}6)$$

式（1-1-6）称为理想溶液的汽液相平衡方程，又称为泡点方程，表示汽液平衡时液相组成与平衡温度之间的关系。在一定压力下，液体混合物开始沸腾产生第一个气泡的温度，称为泡点温度（简称泡点）。

汽相组成可表示为：

$$y_A = \frac{p_A}{p} = \frac{p_A^0 x_A}{p} = \frac{p_A^0 \ x_A}{p_A^0 x_A + p_B^0 \ (1 - x_A)} \qquad (1\text{-}1\text{-}7)$$

式（1-1-7）也称为理想溶液的汽液相平衡方程，又称为露点方程。该式表示汽液平衡时汽相组成与平衡温度之间的关系。在一定的压力下，混合蒸汽冷凝时出现第一个液滴时的温度，称为露点温度（简称露点）。汽液平衡时，露点温度等于泡点温度。

在一定压力下，已知溶液沸点，可根据纯组分的饱和蒸气压直接计算出液相组成，通过液相组成又可求出汽相组成。对于双组分体系，$x_B = 1 - x_A$，$y_B = 1 - y_A$。

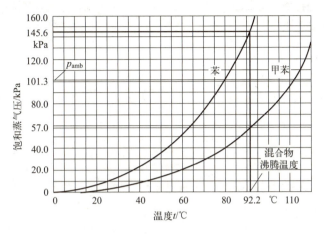

图1-1-5　苯和甲苯的分压图

[1-1] 摩尔分数分别是 50%（$x_A = x_B = 0.500$）的苯/甲苯混合液在 1 个标准大气压（101.3kPa）时的沸腾温度是 92.2℃。苯和甲苯的分压图如图 1-1-5 所示。

a. 两组分的分压分别是多少？

b. 沸腾混合物上方的总压是多少？

[1-2] 在 [1-1] 中，苯-甲苯混合液中各组分的分压如下：p（苯）= 72.8kPa、p（甲苯）= 28.5kPa，总压为 101.3kPa。则混合液产生的蒸汽中各组分的摩尔分数是多少？

② 用相对挥发度表示的汽液相平衡方程。挥发度表示某种液体挥发的难易程度。通常纯液体的挥发度指的是在一定温度下的饱和蒸气压；而溶液中各组分的蒸气压因组分间的相互影响要比纯态时的低，故溶液中各组分的挥发度则用它在一定温度下蒸气中的分压和与之平衡的液相中该组分的摩尔分数之比来表示。

组分 A 的挥发度：$v_A = \dfrac{p_A}{x_A}$

组分 B 的挥发度：$v_B = \dfrac{p_B}{x_B}$

式中　v_A、v_B——组分A、B的挥发度。

组分挥发度的大小需通过实验测定。

对于理想溶液，符合拉乌尔定律，则

$$v_A = \frac{p_A}{x_A} = \frac{p_A^0 x_A}{x_A} = p_A^0 \qquad (1\text{-}1\text{-}8)$$

同理，

$$v_B = \frac{p_B}{x_B} = p_B^0 \qquad (1\text{-}1\text{-}9)$$

由于饱和蒸气压随温度而变化，故挥发度也随着温度而变化，而且其变化是比较大的，因而使它在蒸馏计算中用起来很不方便，所以引出相对挥发度的概念。

溶液中两组分的挥发度之比称为相对挥发度，用 α 表示，通常为易挥发组分的挥发度与难挥发组分的挥发度之比。

$$\alpha = \frac{v_A}{v_B} = \frac{p_A x_B}{p_B x_A} = \frac{y_A x_B}{y_B x_A} \qquad (1\text{-}1\text{-}10)$$

对于二元物系，$x_A + x_B = 1$，$y_A + y_B = 1$，代入上式，并略去下标 A，得轻组分的两相组成关系如下：

$$y = \frac{\alpha x}{1 + (\alpha - 1)x} \qquad (1\text{-}1\text{-}11)$$

式（1-1-11）就是用相对挥发度表示的相平衡关系，既可用于实际物系也可用于理想物系，称为气液相平衡方程。

从式（1-1-11）可知，当 $\alpha = 1$ 时，$y = x$，即组分在两相中的组成相同，物系不能用普通蒸馏方法分离；当 $\alpha > 1$ 时，$y > x$，即组分在汽相中的浓度大于其在液相中的浓度，物系可以用普通蒸馏方法分离；而且 α 越大，y 比 x 大得越多，就越容易用蒸馏方法分离。因此，用相对挥发度可以判定一个物系能否用普通蒸馏方法分离以及分离的难易程度。

从上面的定义可以看出，相对挥发度是温度和压力的函数。但在工业操作中，蒸馏通常是在一定压力下进行的，在操作温度的变化范围内，相对挥发度变化不大。故在蒸馏计算中，常常把相对挥发度视为常数，其值取操作极限温度下相对挥发度的算术平均值或几何平均值。

 想一想

汽液相平衡方程告诉了我们什么道理？有什么用处？

（2）汽液平衡相图

① 蒸气压组成图。理想溶液的蒸气压与组成之间的关系如图 1-1-6 所示。

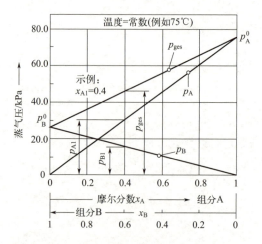

图1-1-6　理想溶液的蒸气压组成图

以组分 A 的摩尔分数 x_A 为横坐标，以组分 A 的蒸气压 p_A 为纵坐标，绘制成蒸气压曲线图，就能得到从压力 0 至压力 p_A^0 的升高的直线。同样，以组分 B 的摩尔分数 x_B 为横坐标，以组分 B 的蒸气压 p_B 为纵坐标，绘制成蒸气压曲线图，就会得到从压力 0 至压力 p_B^0 的升高的直线。

依据道尔顿分压定律，气体混合物的总压等于其中各气体分压之和，即

$$p = p_A + p_B = p_A^0 x_A + p_B^0(1 - x_A)$$

以 x_A 为横坐标，以总压 p 为纵坐标，绘制成蒸气压曲线图，同样还可以得到从 p_A^0 至 p_B^0 走向的直线。

② 温度组成图（t-x-y 图）。通常，t-x-y 关系的数据由实验测得。以苯 - 甲苯混合液为例，常压下苯 - 甲苯汽液两相达平衡状态时，轻组分在汽相中的组成、轻组分在液相中的组成、沸点的数据如表 1-1-1 所示（其他某些二元物系的汽液平衡组成参见附录）。

表 1-1-1　苯 - 甲苯在 101.3kPa 下的汽液平衡关系

苯的摩尔分数 /%		温度 /℃	苯的摩尔分数 /%		温度 /℃
液相中	汽相中		液相中	汽相中	
0.0	0.0	110.6	59.2	78.9	89.4
8.8	21.2	106.1	70.0	85.3	86.8
20.0	37.0	102.2	80.3	91.4	84.4
30.0	50.0	98.6	90.3	95.7	82.3
39.7	61.8	95.2	95.0	97.9	81.2
48.9	71.0	92.1	100.0	100.0	80.2

如图 1-1-7 所示，以液相组成 x 为横坐标，以温度 t 为纵坐标，作出蓝色曲线（下方曲线）；以汽相组成 y 为横坐标，以温度 t 为纵坐标，作出红色曲线（上方曲线）。图中有两条曲线，上方曲线为 t-y 线，表示混合液的温度和平衡汽相组成 y 之间的关系，此线称为饱和蒸汽线，亦称汽相线，露点线，终馏点线；下方曲线为 t-x 线，表示混合液的温度 t 和平衡液相组成 x 之间的关系，此线称为饱和液相线，亦称液相线，泡点线，初馏点线。

上述两条曲线将图分为三部分。绿色区域（下方区域）代表未沸腾的液体，称为液相区；淡紫色区域（上方区域）代表过热蒸汽，称为过热蒸汽区或汽相区；黄色区域（中间区域）表示汽液同时存在，称为汽液共存区。从图 1-1-7 可以看出：

a. 因为易挥发组分在汽相组成中所占的比例大于它在液相组成中所占的比例，故汽相线位于液相线之上；

b. 因为平衡时，汽液两相具有同样的温度，故汽液平衡状态的两个点在同一水平线上；

c. 纯组分 A 的沸点为 t_A，纯组分 B 的沸点为

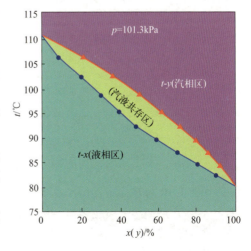

图1-1-7　t-x-y 图

t_B，由它们组成的溶液沸点介于两者之间，混合液的沸点（馏程）有一范围：$t_A < t < t_B$；

d. 一定外压下，溶液的泡点、露点与混合液的组成有关，而纯组分的泡点、露点、沸点为同一值；

e. 当平衡温度升高时，液相中的易挥发组分 A 减少，难挥发组分 B 增多，温度降低时则相反；

f. 只有部分汽化和部分冷凝对分离才有意义，此相图可用来分析精馏原理。

③ 汽 - 液相平衡图（y-x 图）。通常，y-x 关系的数据亦由实验测得。图 1-1-8 中以 x 为横坐标，y 为纵坐标，图中曲线表示液相组成和与之平衡的汽相组成之间的关系，即相平衡曲线。绘制该图应首先绘出对角线作为参考线，然后再绘制平衡线。当然，y-x 图完全可以通过 t-x-y 图作出。

平衡线偏离对角线越远，表示该溶液越容易分离。

3. 双组分非理想溶液的汽液相平衡关系

非理想溶液可分为两大类，即对拉乌尔定律具有正偏差的溶液和对拉乌尔定律具有负偏差的溶液（即 $p_A \geqslant x_A p_A^0$；$p_B \geqslant x_B p_B^0$）。若混合溶液中相异分子间的吸引力较相同分子间的吸引力为小，分子容易汽化，因此，溶液上方各组分的蒸气分压亦较在理想溶液情况时为大，乙醇 - 水、丙醇 - 水等物系是对拉乌尔定律具有很大正偏差溶液的典型例子。若混合溶液中相异分子间的吸引力较相同分子间的吸引力为大，分子不易汽化，因此，溶液上方各组分的蒸气分压亦较在理想溶液情况时为小，硝酸 - 水、氯仿 - 丙酮等物系是对拉乌尔定律具有很大负偏差溶液的典型例子。

因此在蒸气压组成图中，真实溶液的蒸气压曲线不是直线，而是呈现向上（正偏差）或者向下（负偏差）拱形的曲线。根据道尔顿分压定律，总压等于各组分分压之和，所以总压曲线也是拱形走向的，如图 1-1-9 所示。

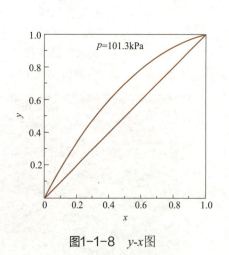

图1-1-8　y-x图

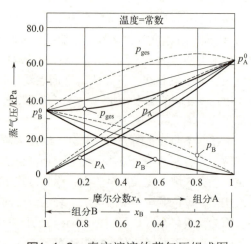

图1-1-9　真实溶液的蒸气压组成图

图 1-1-10 为常压下乙醇 - 水溶液的 t-x-y 图。由图可见，液相线和汽相线在点 M 重合，即点 M 所示的两组分组成相等。常压下点 M 的组成为 $x_M = 0.894$（摩尔分数），称为恒沸组成。点 M 的温度为 78.15℃，称为恒沸点。该点溶液称为恒沸物。因点 M 的温度比任何组成下该溶液的沸点温度都低，故这种溶液又称最低恒沸点的溶液。图 1-1-11 是常压下乙醇 - 水溶液的 y-x 图，平衡线与对角线的交点与图点 M 相对应，该点处溶液的相对挥发度等于 1。

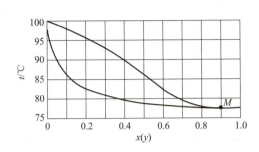
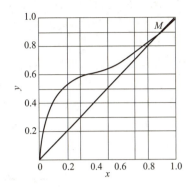

图1-1-10　常压下乙醇-水溶液的*t-x-y*图　　图1-1-11　常压下乙醇-水溶液的*y-x*图

图 1-1-12 为常压下硝酸 - 水溶液的 *t-x-y* 图，该图与上述图的情况类似，区别在于恒沸点 N 处的温度（121.9℃）比任何组成下该溶液的沸点都高，故这种溶液又称为最高恒沸点的溶液。图中点 N 所对应的恒沸组成为 $x_N = 0.383$（摩尔分数）。常压下硝酸 - 水溶液的 *y-x* 图如图 1-1-13 所示，平衡线与对角线的交点与点 N 相对应，该点溶液的相对挥发度等于 1。

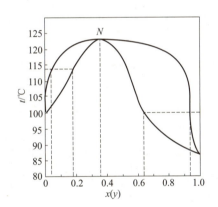
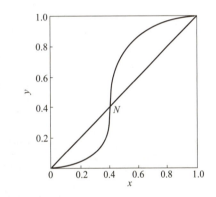

图1-1-12　常压下硝酸-水溶液的*t-x-y*图　　图1-1-13　常压下硝酸-水溶液的*y-x*图

非理想溶液不一定都有恒沸点，只有对拉乌尔定律偏差大的非理想溶液才具有恒沸点。非理想溶液恒沸点的数据，可从有关手册中查到。

三、简单蒸馏

简单蒸馏是使混合液在蒸馏釜中逐渐地部分汽化，并不断地将蒸汽导出并冷凝成液体，将不同温度范围的馏分收集起来，从而使液体混合物初步分离。

1. 简单蒸馏装置的构成

简单蒸馏装置主要由蒸馏釜、冷凝器和馏出液贮槽组成，冷凝器根据是否将上升的蒸汽全部冷凝分为全凝器和分凝器。

2. 简单蒸馏装置的流程

混合物在蒸馏釜中逐次地部分汽化，并不断地将生成的蒸汽引入冷凝器中冷凝，可使组分部分地分离，这种方法称为简单蒸馏。简单蒸馏，适用于分离相对挥发度相差较大，分离程度不高的互溶混合物的粗略分离，例如石油的粗馏。

如图 1-1-14 所示，间歇操作时，将原料液一次性送入一密闭的蒸馏釜中加热，使溶液沸腾，将所产生的蒸汽通过颈管及蒸汽引导管引入冷凝器中，冷凝后的馏出液送入贮槽内。这种蒸馏方法由于不断地将蒸汽移去，釜中的液相易挥发组分的浓度逐渐降低，馏出液的浓度也逐渐降低，故需分罐贮存不同组成范围的馏出液。当釜中液体浓度下降到规定要求时，便停止蒸馏，将残液排出。间歇式简单蒸馏仅用于较小生产产量的批量运行。

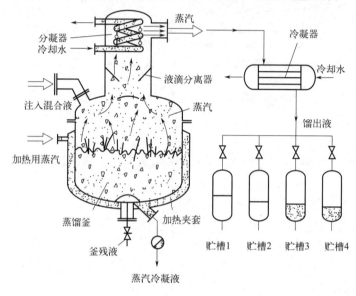

图1-1-14　间歇式简单蒸馏

简单蒸馏也可连续操作，此时原料液不断进入蒸馏釜，馏出液不断采出至贮槽，如图 1-1-15 所示。连续式简单蒸馏适用于沸点差别较大的液体混合物的大量分离。

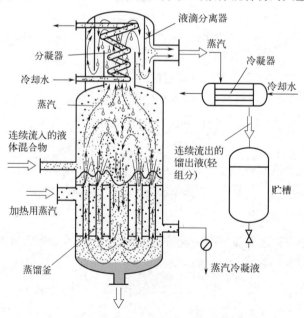

图1-1-15　连续式简单蒸馏

3. 简单蒸馏的原理

如图 1-1-16（a）所示，具有全凝器的简单蒸馏装置的原理可概括为一次部分汽化：将组成为 x_f 的混合液加热，在温度 t_b 时部分汽化，产生互成平衡的组成为 y_1（汽相）和 x_1（液相）。这时把蒸汽引入冷凝器中冷凝，就得到易挥发组分含量较高的馏出液；而与之平衡的液相中所含易挥发组分相应减少，难挥发组分含量较高，这就是一次部分汽化简单蒸馏的原理。如果不把蒸汽引出，继续升温，到 c 点时则全部汽化，汽相组成 y_2 与原始组成 x_f 相同，即 $y_2 = x_f$，这说明全部汽化不可能达到分离混合物的目的。故必须及时将蒸汽引出，实现部分汽化。图 1-1-16（b）是一种常用一次部分汽化的简单蒸馏装置。操作时，将混合液在密闭的蒸馏釜中加热，使溶液沸腾，部分汽化，产生的蒸汽通过管道引入冷凝器，冷凝成液体，再送入馏出液贮槽储存，残液从釜底排出。由于不断地将蒸汽移出，釜中液相易挥发组分浓度逐渐降低，所得馏出液的浓度也逐渐减小，故需分槽贮存不同组成范围的馏出液。

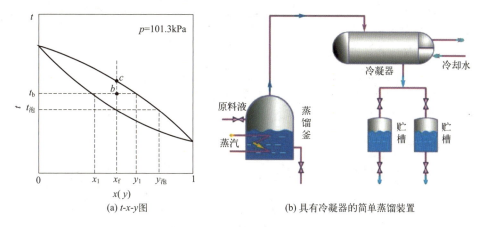

图1-1-16　具有全凝器的简单蒸馏原理

如图 1-1-17（a）所示，具有分凝器的简单蒸馏装置的原理可概括为一次部分汽化、一次部分冷凝：将一次部分汽化得到的组成为 y_1 的蒸汽先在分凝器中进行部分冷凝。当冷凝至 E 点

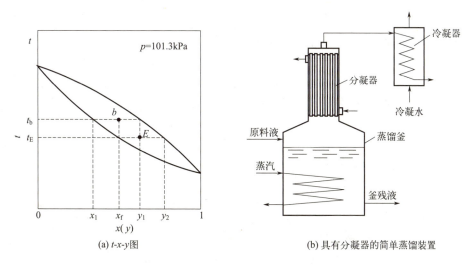

图1-1-17　具有分凝器的简单蒸馏原理

时就得到互成平衡的组成为 y_2 的气相和组成为 x_2 的液相（x_2 与 x_f 重合），从图（a）可以看出，部分冷凝后汽相中易挥发组分的浓度得到进一步提高，即 $y_2 > y_1 > x_f$，从而使所得馏出液的浓度又一次提高。故为了提高分离效果，工业上常在简单蒸馏的蒸馏釜上方安装一个分凝器。

以上两种简单蒸馏的区别是：一次部分汽化的简单蒸馏没有进行部分冷凝（其冷凝方式为全凝）；具有分凝器的简单蒸馏则进行了一次部分汽化和一次部分冷凝。由此看来，同时一次部分汽化和一次部分冷凝，比单纯一次部分汽化的分离效果要好，但仍不可能得到高纯度的馏出液。只有多次部分汽化和多次部分冷凝，才能将液体混合物进行较彻底的分离，这就是后面要介绍的精馏。

巩固练习

一、判断题

1. 有回流的叫蒸馏。（　　　）
2. 混合液的沸点与外界压力有关。（　　　）
3. 一定外压下，溶液的泡点、露点与混合液的组成有关。（　　　）
4. y-x 相图中，相平衡曲线上各点的温度都相同。（　　　）
5. 间歇蒸馏塔塔顶馏出液中的轻组分浓度随着操作的进行逐渐增大。（　　　）

二、填空题

1. 同一温度下，某液体的饱和蒸气压越高，沸点越_____；外界压强越大，沸点越_____。

2. A、B 混合液在某一温度下，A 组分饱和蒸气压 p_A^0=221.2kPa，B 组分饱和蒸气压 p_B^0=93.9kPa，气相总压 101.3kPa，则 A 组分的沸点比 B 组分的沸点_____。A 对 B 的相对挥发度为_____。说明_____易挥发。

3. 具有全凝器的简单蒸馏原理是_____，具有分凝器的简单蒸馏原理是_____。

三、计算题

1. 现有苯的质量分数为 0.20 的苯-甲苯溶液，试求甲苯的摩尔分数。
2. 甲烷和乙烷的混合气，甲烷的质量分数为 0.4，试求甲烷的摩尔分数。
3. 在 107.0kPa 的压力下，苯-甲苯混合液在 369K 下沸腾，试求该温度下的汽液平衡组成。（在 369K 时，$p_苯^0$=161.0kPa，$p_{甲苯}^0$=65.5kPa）

学习任务二 认识精馏

任务描述

小刘在对蒸馏有了一定的认识之后，就要学习蒸馏中最重要也是最常见的精馏了。他需要了解精馏装置的构成，熟悉精馏装置的流程，掌握精馏装置各部分的作用。精馏原理是精馏的理论基础，要对精馏装置进行有效的操作，小刘必须要掌握它的原理。精馏塔是精馏装置最核心的设备，小刘必须要熟知不同精馏塔的结构和特点。

 知识准备

精馏是利用均相液体混合物中各组分挥发能力的不同，经过多次且同时部分汽化和部分冷凝，分离出较高纯度组分的单元操作。

一、精馏工艺过程

精馏作为工业生产中用以获得高纯组分的一种蒸馏方式，不仅在石油炼制、煤化工、有机化工等化学工业中有着广泛应用，在其他领域也较常见。工业精馏设备如图 1-2-1 所示。

1. 精馏装置的构成

精馏装置构成如图 1-2-2 所示，主要由精馏塔、再沸器、冷凝

图1-2-1 工业精馏设备

器组成，还配有原料液预热器等附属设备。

精馏塔是精馏操作的关键设备。精馏塔的作用是为汽液两相提供充分接触的机会，使传

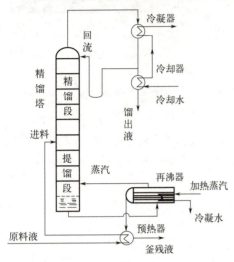

图1-2-2 精馏装置构成

热和传质过程迅速而有效地进行，并且使接触后的汽液两相及时分开，互不夹带。精馏塔常见的类型有板式塔和填料塔，其中板式塔更为常见。板式塔中的塔板为汽液两相传热和传质的场所。根据精馏原理不难得出，轻组分在汽相和液相中的组成沿精馏塔自下而上逐板增加，各塔板的温度沿精馏塔自下而上逐板降低。

精馏塔一般由塔中部进料，进料口以上称为精馏段，以下称为提馏段（含进料板）。精馏段的作用是浓缩易挥发组分并回收难挥发组分，提馏段的作用是浓缩难挥发组分并回收易挥发组分。由塔顶导出的蒸汽经冷凝器冷凝成液体，一部分作为馏出液，另一部分作为回流液返回第一块塔板。回流液是使蒸汽部分冷凝的冷却剂，也是稳定精馏操作的必要条件；而再沸器不断通入蒸汽，

则是维持部分汽化的必要条件。塔内蒸汽由塔釜逐板上升，回流液由塔顶逐板下降，在每块塔板上二者互相接触，进行多次部分汽化和部分冷凝。上升的蒸汽每进行一次部分冷凝易挥发组分含量就增加一次，使易挥发组分逐板增浓；下降的回流液，则在多次部分汽化过程中使难挥发组分逐板增浓。在塔板足够多的情况下，塔顶可得到较纯的易挥发组分，塔釜可得到较纯的难挥发组分。

综上所述，精馏塔的操作过程是：由再沸器产生的蒸汽自塔底向塔顶上升，回流液自塔顶向塔底下降，原料液自加料板流入。在每层塔板上，汽液两相互相接触，汽相多次部分冷凝，液相多次部分汽化。这样，易挥发组分逐渐浓集到汽相，难挥发组分逐渐浓集到液相。最后，将塔顶蒸汽冷凝，得到符合要求的馏出液；将塔底的液体引出，得到相当纯净的残液。

精馏和简单蒸馏的区别在于：精馏有液体回流，简单蒸馏则没有；精馏采用塔设备，简单蒸馏采用蒸馏釜；精馏发生多次部分汽化和多次部分冷凝，简单蒸馏一般只发生一次；精馏的馏出液和残液纯度很高，简单蒸馏则较低。

2. 精馏装置的流程

精馏也分为连续精馏和间歇精馏两种。

典型的连续精馏流程如图 1-2-3 所示。混合物（原料）经预热器预热后，从精馏塔的中部某个适当位置连续进入精馏塔内。原料液在塔釜中被再沸器加热，加热后产生的蒸汽往上流动，经塔顶的冷凝器冷凝后，一部分液相回流至塔顶，称为塔顶回流，其余作为塔顶产品连续排出。回流液沿塔体向下流动至塔釜，一部分被再沸器加热后，所产生的蒸汽进行汽相回流，其余作为塔底产品连续排出。

当混合液的分离要求较高而料液品种或组成经常变化时，采用间歇精馏的操作方式比较灵活机动。间歇精馏流程如图 1-2-4 所示，从精馏装置看，间歇精馏与连续精馏大致相同。间歇精馏时，原料液一次性加入塔釜中，而不是连续地加入精馏塔中。因此间歇精馏只有精馏段而没有提馏段（进料口以上称为精馏段，以下称为提馏段，后面具体介绍）。同时，

因间歇精馏时釜液浓度不断地变化，故一般产品组成也逐渐降低。当釜中液体组成降到规定值后，精馏操作即被停止。

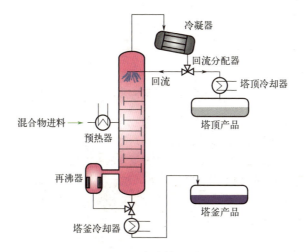

图1-2-3　连续精馏流程图

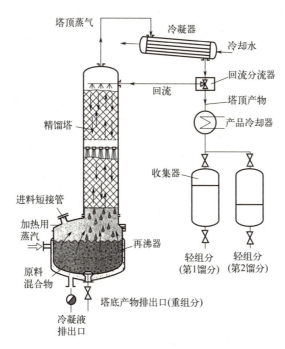

图1-2-4　间歇精馏流程图

由此不难理解，间歇精馏过程具有如下特点。

① 间歇精馏为非定态过程。在精馏过程中，釜液组成不断降低。若在操作时保持回流比不变，则馏出液组成将随之下降；反之，为使馏出液组成保持不变，则在精馏过程中应不断加大回流比。为达到预定的要求，实际操作可以灵活多样。例如，在操作初期可逐步加大回流比以维持馏出液组成大致恒定；但回流比过大，在经济上并不合理。故在操作后期可保持回流比不变，若所得的馏出液不符合要求，可将此部分产物并入下一批原料再次精馏。此外，由于过程的非定态性，塔身积存的液体量（持液量）的多少将对精馏过程及产品的数量有影

响。为尽量减少持液量，间歇精馏往往采用填料塔。

② 间歇精馏时全塔均为精馏段，没有提馏段。因此，获得同样的塔顶、塔底组成的产品，间歇精馏的能耗必大于连续精馏。

余国琮：百岁院士的"精馏人生"

余国琮（1922年11月18日—2022年4月6日）出生于广东省广州市，化学工程专家，致力于化工基础理论研究，长期从事化工分离科学与工程研究，我国精馏分离学科创始人，他参与主导了我国自主生产重水的关键技术研究，为"两弹一星"的突破作出了重要贡献。任中国科学院学部委员（院士）、天津大学教授、化工学院名誉院长、化学工程研究所名誉所长、精馏技术国家工程研究中心技术委员会主任，曾获得国家科学技术进步奖二等奖、五一劳动奖章等。

余国琮先生领导的科研团队运用其研究成果，成功地改造了化工等行业的大量蒸馏塔，取得非常显著的成果，并带来了巨大的经济效益。其中典型的实例要数大庆油田和燕山化工厂的改造项目，大庆油田从美国引进的原油稳定装置和燕山化工厂从日本引进的乙烯装置汽油分馏塔在外籍专家的调试下都无法达到设计指标，而经过余国琮先生的改造，成功达到甚至超出了原设计的指标，这在当时全国的化工行业产生了广泛的影响，大大助长了中国人的志气。

余国琮先生在国内外学术期刊和会议上发表了论文200余篇，主编了《化学工程辞典》《化学工程手册》等专著和教材7部。余国琮先生还是精馏技术国家工程研究中心技术委员会主任，以及《中国化学工程学报（英文版）》的主编。余国琮先生一腔热血致力于中国的化学工程学科建设和化学工业的发展，充分展现了一代学者的崇高精神和爱国情怀。

二、精馏的原理

精馏原理是通过 t-x-y 图来分析的，在学习精馏原理之前，务必要掌握 t-x-y 图相关内容。

如图1-2-5所示，从两个方面来说明精馏原理：

1. 部分汽化

将混合物自 A 点加热至汽液共存区内的 B 点，使其在 B 点温度 t_1 下部分汽化。这时，混合液分成平衡的汽、液两相，汽相组成为 y_1（$y_1 > x_0$），液相组成为 x_1（$x_1 < x_0$），汽液两相分开后，再将组成为 x_1 的饱和液体单独加热至 C 点，使其在 C 点温度 t_2 下部分汽化。这时，又出现新的平衡，获得组成为 x_2（$x_2 < x_1$）的液相及与之平衡的组成为 y_2（$y_2 > x_1$）的汽相。再将组成为 x_2 的饱和液体单独加热至 D 点进行部分汽化，又可得到组成为 x_3（$x_3 < x_2$）的液相及与之平衡的组成为 y_3（$y_3 > x_2$）的汽相。以此类推，最终可以得到易挥发组分含量很低的液相，即获得近于纯净的难挥发组分。

2. 部分冷凝

将上述过程中所得组成为 y_1 的蒸汽分出，冷凝至 t_2'，即经部分冷凝至 E 点，可以得到组成为 y_2' 的汽相及组成为 x_2' 的液相，y_2' 与 x_2' 成平衡，而 $y_2'>y_1$。再将汽液两相分开，使浓度为 y_2' 的饱和蒸汽冷凝至 t_3'，即部分冷凝至 F 点，又得到平衡的汽液两相，组成分别为 y_3' 及 x_3'，而 $y_3'>y_2'$。以此类推，最后可得到近于纯净的易挥发组分。

由此可以看出：液相多次部分汽化和汽相多次部分冷凝是精馏分离混合液的原理。

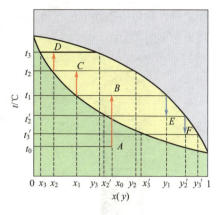

图1-2-5　精馏原理示意图

三、精馏塔

1. 精馏塔的类型

完成精馏操作的塔设备称为精馏塔，常见的类型有板式塔和填料塔。而工业生产中的板式塔，常根据板间有无降液管沟通分为有降液管及无降液管两大类，如图 1-2-6 所示。用得最多的是有降液管板式塔，后面均介绍此种类型的板式塔。

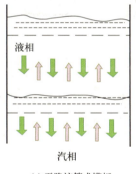

(a) 无降液管式塔板

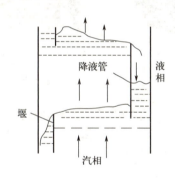

(b) 有降液管式塔板

图1-2-6　板式塔的降液管形式

2. 板式塔

板式塔内沿塔高装有若干层塔板，相邻两板有一定的间隔距离。塔内汽、液两相在塔板上互相接触，进行传热和传质。板式塔结构如图 1-2-7 所示，其主体是由塔体和塔盘组成。

塔体通常为圆柱形，塔盘包括塔板和溢流装置。

操作时，塔内液体依靠重力作用，自上而下流经各层塔板，并在每层塔板上保持一定的液层，最后由塔底排出。气体则在压力差的推动下，自下而上穿过各层塔板上的液层，在液层中汽液两相密切而充分地接触，进行传质传热，最后由塔顶排出。在塔中，使两相呈逆流流动，以提供最大的传质推动力。

（1）塔板　塔板是板式塔的核心构件，其功能是提供汽、液两相保持充分接触的场所，

21

使之能在良好的条件下进行传质和传热。塔板可分为泡罩塔板、筛孔塔板、浮阀塔板、喷射塔板等不同类型。

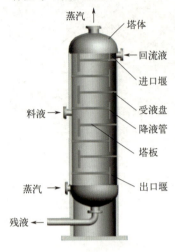

图1-2-7 板式塔结构

① 泡罩塔板。泡罩塔板是生产中应用最早的一种板型。如图 1-2-8 所示，塔板上有多个升气管，由于升气管高出液面，因此塔板上的液体不会从中漏下。升气管上覆盖钟形泡罩，泡罩下部周边开有许多齿缝。操作状况下，齿缝浸没于板上液层之中，形成液封。上升气体经泡罩齿缝变成气泡喷出，气泡通过板上的液层，使汽、液接触面积增大，两相间的传热和传质过程得以有效地进行。

泡罩塔的优点：液体不易漏下（即漏液），适应性较其他类型塔板强，负荷变化较大时，能维持几乎恒定的塔板效率，操作很稳定。其缺点是生产能力不大，效率较低，结构复杂，安装、检修不便，流体阻力和液面落差较大以及造价也较昂贵。因此，除某些特殊要求外，往往采用其他类型板式塔以取代泡罩塔。

(a) 泡罩塔板实物图

(b) 泡罩塔板操作图

(c) 泡罩

精馏塔泡罩塔板

图1-2-8 泡罩塔版

② 筛孔塔板。在塔板上开设大量均匀小孔（称为筛孔），即构成筛孔塔板，如图 1-2-9 所示。操作时，从筛孔上升的气体压力必须大于塔板上液体的静压力，才能阻止液体从筛孔漏下来。筛板塔其主要特点是：结构简单，造价低，生产能力大，板效率较高，压降低，但操作弹性小。

(a) 筛孔塔板实物

(b) 筛孔塔板操作示意图

(c) 筛孔塔板结构

图1-2-9 筛板塔板

③ 浮阀塔板。浮阀塔板上的每个阀孔上都装有一个可上下浮动的阀片（称为浮阀），如图 1-2-10 所示，当上升气体负荷改变时，浮阀的开度随之改变。其主要特点是：生产能力和操作弹性大，压力降小，板效率高。

(a) 浮阀塔板实物图　　　　　　　　(b) 浮阀结构

精馏塔浮阀塔板

图1-2-10　浮阀塔板

④ 喷射塔板。喷射塔板有舌形塔板、浮舌塔板、浮动喷射塔板、斜孔塔板等。下面简单介绍舌形塔板和浮舌塔板，如图 1-2-11 所示。

(a) 舌形塔板　　　　　　　　　　　(b) 浮舌塔板

图1-2-11　喷射塔板

a. 舌形塔板。舌形塔板是塔板上冲出一系列舌孔，舌片与塔板呈一定倾角，如图 1-2-11（a）所示。当气流通过舌孔时，气体按片孔方向喷射而出，将液相分散成液滴和流束而进行传质，并推动液相通过塔板。舌形塔板的优点是汽相和液相的处理量大，压降小，在一定负荷范围内能达到较高的分离效率；但它的操作弹性较小。

b. 浮舌塔板。浮舌塔板是结合浮阀塔和舌形塔的长处发展出来的新型塔板，是将固定舌形板的舌片改为浮动而成，如图 1-2-11（b）所示。与浮阀塔类似，当气体负荷改变时，浮舌开度随之改变，自动调节气流通道面积，从而保证适宜的缝隙汽速，强化汽液传质，减少或消除了漏液。当浮舌开启后，又与舌形塔板相同，汽液并流，利用气体的喷射作用将液体分散进行传质。由于这种塔操作状况兼有浮动与喷射的特点，因此它的优点是操作弹性大，操作稳定，处理能力大，压降小，效率高。

小贴士

　　不同的塔板具有不同的优缺点，要辩证分析它们的利与弊。精馏塔在选择合适塔板时，要考虑精馏任务、费用、分离要求等各方面的因素。

（2）溢流装置　板式塔的溢流装置主要包括出口堰、降液管、受液盘以及进口堰等。

① 出口堰。出口堰通常设在塔板的出口端，其主要作用是保证塔板上贮有一定厚度的液体，从而使汽液两相在塔板上能充分传热传质。

② 降液管。降液管是塔板间液体自上而下的通道，也是液体中所夹带气体与液体分离的场所。降液管有弓形和圆形两种，如图 1-2-12 所示。弓形降液管具有较大的降液面积，降液能力大，汽液分离效果好，生产上广泛采用。圆形降液管常用于液通量较小的小塔中。

降液管与下层塔板间应有一定的间距以保证液流能顺畅地流入下层塔板，同时为保持降液管内的液封，防止气体由下层塔板进入降液管，此间距应小于出口堰高度。

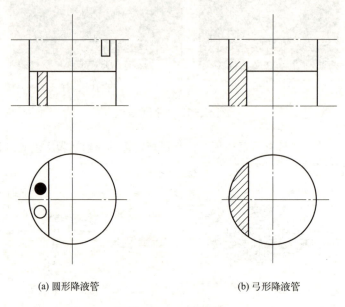

(a) 圆形降液管 　　　　　　　　　(b) 弓形降液管

图1-2-12　降液管

③ 受液盘。降液管下方部分不开孔的塔板通常称为受液盘，有凹型及平型两种，如图 1-2-13 所示。一般较大塔径的塔采用凹型受液盘。

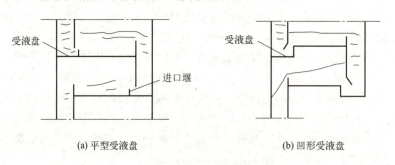

(a) 平型受液盘 　　　　　　　　　(b) 凹形受液盘

图1-2-13　受液盘

④ 进口堰。在塔径较大的塔内，为了减少液体自降液管下方流出的水平冲击，常在降液管附近设置进口堰。为保证液流畅通，进口堰与降液管间的水平距离不应小于降液管与塔板之间的距离。

3. 填料塔

除了塔板以外，精馏装置还可以在精馏塔中利用填料为汽液两相创造较大的接触面。填料塔将在吸收作详细介绍。

如图 1-2-14 所示，待分离的混合液在填料塔中间通过液体分布器喷洒到填料塔下部的填料上。来自再沸器的混合液产生的蒸汽从下侧穿过填料向上流动，蒸汽从塔顶出来离开填料塔，经过冷凝器冷凝，塔顶蒸汽冷凝液的一部分（即回流液）由塔顶进入，通过液体分布器均匀分布在填料塔上部填料并通过填料向下流动进入精馏塔底，另一部分（即馏出液）作为产品排出。釜残液由塔釜排出。

　　塔釜加热混合液产生的蒸汽在压差的作用下向上运动穿过填料的空隙，回流液在重力的作用下通过填料的空隙缓慢向下流动。上升的蒸汽和下降的液体在填料表面充分接触，进行传质和传热。在此过程中，下降的液体进行多次部分汽化，上升的蒸汽进行多次部分冷凝，从而在塔顶得到纯度较高的易挥发组分，在塔底得到纯度较高的难挥发组分。

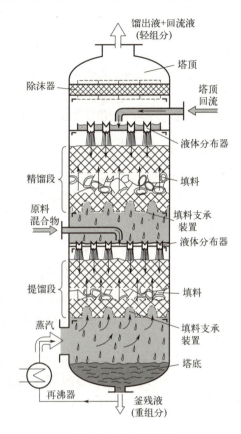

图1-2-14　填料塔

![巩固练习]

一、判断题

1. 蒸馏塔总是将塔顶轻组分作为产品，塔底重组分作为残液排放。（　　）
2. 再沸器的作用是提供精馏塔物料热源，使物料加热汽化。（　　）
3. 浮阀塔是泡罩塔、舌板塔和筛板塔结合的产物。（　　）
4. 浮阀塔板的特点是造价较高、操作弹性小、传质性差。（　　）
5. 精馏的原理是利用液体混合物中各组分溶解度的不同来分离各组分的。（　　）

二、单选题

1. 下面（　　）不是精馏装置所包括的设备。

    A. 分离器　　　　　B. 再沸器　　　　　C. 冷凝器　　　　　D. 精馏塔

2. （　　）是保证精馏过程连续稳定操作的必要条件之一。

    A. 液相回流　　 B. 进料　　 C. 侧线抽出　　 D. 产品提纯

3. 在蒸馏生产中，从塔釜到塔顶，压力（　　）。

    A. 由高到低　　 B. 由低到高　　 C. 不变　　 D. 都有可能

4. 可用来分析精馏原理的相图是（　　）。

    A. $p\text{-}y$ 图　　 B. $x\text{-}y$ 图　　 C. $t\text{-}x\text{-}y$ 图　　 D. $p\text{-}x$ 图

5. 精馏塔中自上而下（　　）。

    A. 分为精馏段、加料板和提馏段三部分　　 B. 温度依次降低

    C. 易挥发组分浓度依次降低　　 D. 蒸汽量依次减少

6. 精馏塔塔板的作用是（　　）。

    A. 热量传递　　 B. 质量传递　　 C. 热量和质量传递　　 D. 停留液体

7. 精馏的原理是（　　）。

    A. 一次部分汽化、一次部分冷凝　　 B. 多次部分汽化、多次部分冷凝

    C. 全部汽化、全部冷凝　　 D. 多次部分汽化、一次部分冷凝

8. 精馏中引入回流，下降的液相与上升的汽相发生传质使上升的汽相易挥发组分浓度提高，最恰当的说法是（　　）。

    A. 液相中易挥发组分进入汽相

    B. 汽相中难挥发组分进入液相

    C. 液相中易挥发组分和难挥发组分同时进入汽相，但其中易挥发组分较多

    D. 液相中易挥发组分进入汽相和汽相中难挥发组分进入液相必定同时发生

9. 在再沸器中溶液（　　）而产生上升蒸汽，是精馏得以连续稳定操作的一个必不可少的条件。

    A. 部分冷凝　　 B. 全部冷凝　　 C. 部分汽化　　 D. 全部汽化

10. 冷凝器的作用是提供（　　）产品及保证有适宜的液相回流。

    A. 塔顶汽相　　 B. 塔顶液相　　 C. 塔底汽相　　 D. 塔底液相

11. 下列塔设备中，操作弹性最小的是（　　）。

    A. 筛板塔　　 B. 浮阀塔　　 C. 泡罩塔　　 D. 舌板塔

12. 下列叙述错误的是（　　）。

    A. 板式塔以塔板作为汽液接触传质的基本构件

    B. 安装出口堰是为了保证汽液两相在塔板上有充分的接触时间

    C. 降液管是塔板间液流通道，也是溢流液中所夹带气体的分离场所

    D. 降液管与下层塔板的间距应大于出口堰的高度

三、填空题

板式塔的溢流装置主要包括_____、_____、_____和_____等。

学习情境二
精馏装置开车前的准备

情境描述

　　小刘通过前期学习，对精馏相关知识有了深入了解，熟悉了蒸馏的概念、特点及其生产应用；能归纳蒸馏的分类；能陈述简单蒸馏的工艺过程等基本知识。面对具体的精馏分离任务，小刘需要学习精馏装置开车前的准备工作：比如认识精馏装置的主要设备和仪表，读懂并模仿绘制精馏装置的工艺流程图等。

学习任务一 认识精馏装置主要设备、仪表和工艺流程

子任务一 认识装置主要设备和仪表

任务描述

通过理论学习，小刘对化工设备和仪表相关知识有所了解。接下来小刘需要进入精馏生产现场进一步学习。在进入精馏生产现场前，小刘需要了解与精馏生产相关的设备和仪表，以便更好地提高工作效率。

学习目标

知识目标

1. 能陈述精馏装置主要设备和仪表的分类和外形。

2. 能够掌握精馏装置的主要设备和仪表的原理和作用。

技能目标

1. 能正确认识并描述精馏装置主要设备和仪表的功能。

2. 能安全规范地操作精馏装置主要设备和仪表。

3. 能准确地读出仪表的数值，并正确记录生产数据。

素质目标

1. 在精馏装置主要设备和仪表认知过程中养成细致严谨的学习态度。

2. 具备良好的语言表达能力，有条理地陈述自己的想法和观点。

3. 在精馏装置主要设备和仪表认知过程中具备良好职业道德和团队合作精神。

知识准备

 想一想

精馏装置主要设备和仪表有哪些？如何认识？如何规范操作？如何维护保养？

一、精馏装置的主要设备

下面以"乙醇 - 水体系"的 UTS-JL-16J 型精馏生产实训装置为例（图 2-1-1），认识精馏装置的主要设备。

图2-1-1　UTS-JL-16J型精馏生产实训装置

1. 主要设备一览表

（1）静设备一览表　静设备见表 2-1-1。

表 2-1-1　静设备

编号	名称	规格型号	数量
1	精馏塔	主体不锈钢 DN200；共 14 块塔板	1
2	塔顶冷凝器	不锈钢，$\phi 370 \times 1100$mm，F=2.2m²	1
3	塔底换热器	不锈钢，$\phi 260 \times 750$mm，F=1.0m²	1
4	产品冷却器	不锈钢，$\phi 108 \times 860$mm，F=0.1m²	1
5	原料槽	不锈钢，$\phi 630 \times 1200$mm，V=340L	1
6	冷凝液槽	不锈钢，$\phi 200 \times 450$mm，V=16L	1
7	塔顶产品槽	不锈钢，$\phi 377 \times 900$mm，V=90L	1
8	塔底残液槽	不锈钢（牌号 SUS304，下同），$\phi 529 \times 1160$mm，V=200L	1
9	原料预热器	不锈钢，$\phi 426 \times 640$mm，V=46L，P=9kW	1
10	再沸器	不锈钢，$\phi 528 \times 1100$mm，P=21kW	1
11	真空缓冲罐	不锈钢，$\phi 400 \times 800$mm，V=90L	1
12	管道与阀门	不锈钢	若干

（2）动设备一览表　动设备见表 2-1-2。

精馏

表 2-1-2　动设备

编号	名称	规格型号	数量
1	回流泵	MG213XK/AC380-2 磁力驱动齿轮泵	1
2	产品泵	MG213XK/AC380-2 磁力驱动齿轮泵	1
3	原料泵	MS60/0.37SSC 轻型不锈钢卧式单级离心泵	1
4	真空泵	2XZ-4 型旋片式真空泵	1

2. 装置现场主要设备

（1）精馏塔

精馏装置主要设备

温故知新

回顾已学化工设备相关课程中的塔设备知识。根据塔设备的比较和选用知识，合理选择塔型。选用时综合考虑物料性质、操作条件、塔设备的性能及加工、安装、维修、经济性等多种因素。

精馏塔是实现精馏操作的塔设备。"乙醇 - 水体系"UTS-JL-16J 型精馏装置的作用是利用乙醇、水两个组分挥发能力（沸点）的差异，把乙醇 - 水双组分系统通过连续多次蒸馏的方式进行分离的一种化工设备。本装置的精馏塔的结构是板式塔，不锈钢材质，塔径 DN200，有 14 块塔板（图 2-1-2）。

（2）换热设备

图2-1-2　精馏塔

温故知新

回忆学习过的化工设备相关课程中的换热设备、容器设备和泵设备知识。掌握不同设备的原理、类型、结构和选用知识。

该精馏装置的换热设备包括：原料预热器、再沸器、塔顶冷凝器、塔顶产品冷却器和塔釜产品冷却器。

结构：这些换热设备都是采用间壁列管式换热结构。管壳式换热器由管束、管板、壳体、各种接管等主要部件组成。不锈钢材质。

原理：利用冷、热两种流体在设备内不同间壁间进行热量传递，从而使物料达到工艺参数要求。

作用：利用原料预热器、再沸器使原料的温度达到工艺参数要求，从而使乙醇和水在精馏塔内进行分离；利用塔顶冷凝器、塔顶产品冷却器和塔釜产品冷却器使中间产品或产品从热状态降温到工艺参数要求的温度。图 2-1-3 为原料预热器，图 2-1-4 为再沸器，图 2-1-5 为塔顶冷凝器，图 2-1-6 为塔顶产品冷却器，图 2-1-7 为塔釜产品冷却器。

原料加热器和再沸器在化工厂生产中常用高温高压蒸汽进行加热，或用电，用燃料加热。本精馏实训装置使用电进行加热。

图2-1-3　原料预热器

图2-1-4　再沸器

图2-1-5　塔顶冷凝器

图2-1-6　塔顶产品冷却器

（3）容器　"乙醇-水体系"的精馏装置的容器有：原料槽、塔底残液槽、冷凝液槽、塔顶产品槽、真空缓冲罐。容器主要是储存物料用，为圆柱形，不锈钢材质。图 2-1-8 为原料槽，图 2-1-9 为塔底残液槽，图 2-1-10 为冷凝液槽，图 2-1-11 为塔顶产品槽，图 2-1-12 为真空缓冲罐。

图2-1-7　塔釜产品冷却器

图2-1-8　原料槽

图2-1-9　塔底残液槽

图2-1-10　冷凝液槽

图2-1-11　塔顶产品槽

图2-1-12　真空缓冲罐

（4）动设备　"乙醇-水体系"的精馏装置的动设备有：原料泵（图2-1-13）、回流泵和产品泵（图2-1-14）、真空泵（图2-1-15）。

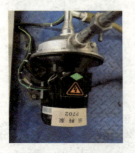

图2-1-13　原料泵

图2-1-14　回流泵、产品泵

根据被输送液体的性质确定泵的类型。确定输送系统的流量和所需压头。流量由生产任务来定，所需压头由管路的特性方程来定。根据所需流量和压头确定泵的型号。本任务中采用齿轮泵、离心泵、旋片式真空泵。

图2-1-15　真空泵

二、精馏装置的主要仪表

大型化工企业精馏装置自动化控制程度越来越高，这是现代科技发展带来的结果。化工自动化控制系统种类繁多，液位、温度、流量、压力是仪表自动化控制最常见的四个参数。

本次的工作任务是基于"乙醇-水体系"的精馏装置，认识此精馏装置的控制、显示工艺参数的仪表及 DCS 控制技术。

精馏装置
主要仪表

1. 测压仪表

压力表是用来测量设备内介质压力大小的直读式仪表，操作人员通过观察压力表的指示值来控制承压设备内的压力，以保证设备在允许的压力下安全运行。

压力测量的仪表的种类很多，按照结构和工作原理，可分为液柱式、弹性元件式、活塞式和电量式四大类。在承压设备中广泛采用单弹簧管式压力表；当工作介质具有腐蚀性时，常采用波纹平膜式压力表。

本精馏装置采用的真空表见图 2-1-16 和图 2-1-17。压力表用压力变送器（图 2-1-18）将压力信号输送到电脑上显示。

图2-1-16　真空表

图2-1-17　耐震电接点真空表

图2-1-18　压力变送器

2. 温度计（表）

温度计（表）是用来测量设备内介质冷热程度的一种仪表。用于掌握设备的运行状况，保证设备在设计温度参数内运行。

温度仪表的种类：玻璃温度计、压力式温度计、双金属温度计、热电偶温度计等。温度计的选用、设置、安装应遵守《压力容器安全技术监察规程》的要求。

本精馏装置采用双金属温度计（图 2-1-19）。

图2-1-19　双金属温度计

3. 液位计（水位表）

液位计的作用是显示设备内介质液位。在设备运行中，操作人员通过观察液位的高低，就知道设备内介质的多少是否在允许的范围内，保证设备的安全运行。

液位计的种类：玻璃管式液位计、玻璃板式液位计、双色水位表、浮球式液位计、磁力翻版式液位计。

本精馏装置采用玻璃管式液位计（图 2-1-20）。

4. 流量计（表）

测量流体流量的仪表统称为流量计或流量表。

按流量计的结构原理进行分类：有容积式流量计、差压式流量计、浮子流量计、涡轮流量计、电磁流量计、质量流量计和插入式流量计。本精馏装置采用浮子流量计（图 2-1-21）。

图2-1-20　玻璃管式液位计

图2-1-21　浮子流量计

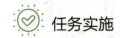

任务实施

一、安全提示

1. 个人防护用品需检查后进行穿戴，如安全帽、护目镜、手套等。
2. 接触电气设备时，注意绝缘防护，避免接触带电部位。

二、工具准备

1. 精馏装置工艺流程图。
2. 笔、记录本等。

三、工作步骤

1. 现场认识精馏装置的精馏塔设备、换热设备、容器设备和泵设备：外形、结构、零部件及材质等。
2. 现场认识精馏装置的压力仪表、温度仪表、液位仪表和流量仪表：外形、零部件等。

巩固练习

1. 简述精馏塔主要设备的作用及基本要求。
2. 简述"乙醇 - 水体系"的精馏装置精馏塔的基本结构及各部分作用。
3. 换热器有哪些类型？"乙醇 - 水体系"的精馏装置中的换热器是哪种类型？

子任务二 了解装置工艺流程

任务描述

通过前期学习，小刘对化工设备和仪表相关知识有所了解。接下来小刘需要进入精馏生产现场进一步学习精馏装置中各物料的工艺流程。

学习目标

知识目标

1. 能概述精馏装置的工艺流程。

2. 能够识读精馏装置的 P&ID 图。

3. 能结合精馏装置的 P&ID 图陈述物料走向。

技能目标

1. 能够识读并临摹绘制精馏装置的 P&ID 图。

2. 能在现场根据流程图说出各物料走向。

素质目标

1. 在精馏装置工艺流程认知过程中养成细致严谨的学习态度。

2. 具备良好的语言表达能力，有条理地陈述自己的想法和观点。

3. 在精馏装置工艺流程认知过程中具备良好职业道德和团队合作精神。

 知识准备

想一想

P&ID 图是什么？如何识读 P&ID 图？精馏装置的 P&ID 图能读到什么？如何把现场和 P&ID 图联系起来？

一、工艺管道仪表流程图（P&ID）

工艺管道仪表流程图也称带控制点的工艺流程图。借助统一规定的图形符号和文字代号，用图示的方法把石油化工工艺装置的全部设备、仪表、管道、阀门及主要管件，按其各自功能，在满足工艺要求和安全、经济的前提下组合起来，以起到描述工艺装置的结构和功能的作用。

因此，它不仅是设计、施工的依据，而且也是企业管理、试运行、操作、维修和开停车等各方面所需的完整技术资料的一部分。

1. 工艺管道仪表流程图（P&ID）的基本内容

（1）用规定的图形符号和文字代号表示装置工艺过程的全部设备、机械和驱动机，包括需就位的备用设备和生产用的移动式设备，并进行编号和标注。

（2）用规定的图形符号和文字代号，详细表示所需的全部管道、阀门、主要管件（包括临时管道、阀门和管件）、公用工程站和隔热等，并进行编号和标注。

（3）用规定的图形符号和文字代号表示全部检测、指示、控制功能仪表，包括一次性仪表和传感器，并进行编号和标注。

（4）用规定的图形符号和文字代号表示全部工艺分析取样点，并进行编号和标注。

（5）安全生产、试车、开停车和事故处理在图上需要说明的事项，包括工艺系统自控、管道等有关的专业设计要求和关键设计尺寸。

2. 工艺管道仪表流程图的作用

（1）了解设备的数量、名称和位号。
（2）了解主要物料的工艺流程。
（3）了解其他物料的工艺流程。
（4）通过对阀门及控制点的分析，了解生产过程的控制情况。

二、工艺管道仪表流程图（P&ID）识图方法

1. 了解流程概况

从左至右依次识读各类设备，分清动设备和静设备，理解各设备的功能。例如精馏塔利用混合物中各组分具有不同的挥发度进行轻组分和重组分的分离。

在熟悉工艺设备的基础上，根据管道中所标注的介质名称和流向分析流程。

2. 熟悉控制方案

一般典型工艺的控制方案是特定的。例如精馏工艺控制方案包括精馏段温度控制系统、塔压控制系统、回流罐液位控制系统、塔釜液位控制系统、回流量控制系统、进料流量控制系统。

3. 控制方案分析

P&ID 图表达了工艺过程的控制方案，控制方案中有的是用模拟仪表来实现，也有用计算机控制系统来实现的。在识读时可以参考图例和标识进行区分和辨别。

4. P&ID 图的重要性

P&ID 图是自控设计中设备选择和相关设计的基础。正确识读 P&ID 图有助于对工艺机理和控制方案的认识，是从事仪表专业技术人员的基本技能之一。

 任务实施

一、安全提示

1. 个人防护用品需检查后进行穿戴，如安全帽、护目镜、手套等。
2. 接触电气设备时，注意绝缘防护，避免接触带电部位。

二、工具准备

1. "乙醇 - 水体系"精馏装置工艺流程图。
2. 笔、记录本等。

三、工作步骤

1. 识读"乙醇 - 水体系"精馏装置工艺流程图，陈述各种物料的名称和走向。
2. 进入现场认识精馏装置的工艺流程。

原料槽 V703 内约 15%（质量分数）的水 - 乙醇混合液，经原料泵 P702 输送至原料预热器 E701，预热后，由精馏塔中部进入精馏塔 T701 进行分离，汽相由塔顶馏出，经冷凝器 E702 冷却后，进入冷凝液槽 V705，经产品泵 P701，一部分送至精馏塔上部第一块塔板作回流用；一部分送至塔顶产品槽 V702 作产品采出。塔釜残液经塔底换热器 E703 冷却后送到残液槽 V701。

3. 在记录本上临摹绘制精馏装置工艺流程图。

精馏装置
工艺流程

巩固练习

简答题：简述"乙醇－水体系"的精馏装置工艺流程。

学习任务二 精馏装置操作任务分析及原料准备

子任务一 任务分析

任务描述

小刘所在工段即将投产，开工前小刘需要掌握塔顶、塔釜产品产量，塔顶、塔釜采出率，乙醇回收率等工艺参数的计算方法，对乙醇 - 水连续精馏工艺进行全塔物料衡算，估算产品产量、质量。

学习目标

知识目标

1. 能陈述全塔物料衡算、精馏段和提馏段物料衡算的公式和含义。

2. 能陈述采出率和回收率的含义。

3. 能陈述精馏段操作线和提馏段操作线的含义。

技能目标

1. 能进行精馏塔的全塔物料衡算、精馏段和提馏段物料衡算。

2. 能进行塔顶采出率、塔底采出率、产品回收率的计算。

素质目标

在任务分析中养成细致严谨的计算习惯和团结协作的精神。

 知识准备

质量守恒定律是自然界普遍存在的基本定律之一。你能简述质量守恒定律的内容吗？

工业生产上的蒸馏操作以精馏为主，精馏又分为连续精馏和间歇精馏，在大多数情况下采用连续精馏。故这里只讨论二元混合物连续精馏的物料衡算。连续精馏的物料衡算，包括全塔的物料衡算和精馏段、提馏段的物料衡算。

一、恒摩尔流假设

由于精馏过程比较复杂，影响因素很多，因此，在讨论连续精馏的计算时，须作适当的简化处理。为此，提出以下基本假设（恒摩尔流假设）：

（1）恒摩尔汽流　在精馏段，离开每层塔板上升蒸汽的摩尔流量相等，以 V 表示。提馏段也如此，蒸汽流量以 V' 表示。但两段的蒸汽流量不一定相等。

（2）恒摩尔液流　在精馏塔内，精馏段每层塔板下降液体的摩尔流量相等，以 L 表示。提馏段也如此，液体流量以 L' 表示。但两段的液体流量不一定相等。

这一简化假设成立的主要条件是混合物中各组分的摩尔汽化热相等，同时满足：①汽液接触时因温度不同而交换的显热可忽略；②塔身保温良好，可忽略热损失。很多情况下，恒摩尔汽流和恒摩尔液流的假设与实际情况很接近。

二、全塔物料衡算

物料衡算是以质量守恒为基础，用来分析和计算化工过程中物料的进、出量以及组成变化的定量关系，确定原料消耗定额、产品产量和产率，还可以用来核定设备的生产能力、确定设备的工艺尺寸、发现生产中所存在的问题并找到解决方案。它是化工计算的基础。

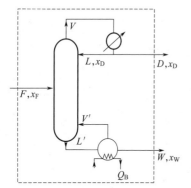

图2-2-1　精馏塔全塔物料衡算

图 2-2-1 所示为精馏塔全塔物料衡算示意图，其中各物流都作定态流动。根据质量守恒定律，对全塔（图 2-2-1 中虚线范围内）进行物料衡算。从而求出进料量和组成与塔顶、塔釜产品流量及组成之间的关系，以单位时间（如 1h）作为物料衡算的基准，则有：

其总物料衡算

$$F = D + W \tag{2-2-1}$$

易挥发组分衡算

$$Fx_F = Dx_D + Wx_W \tag{2-2-2}$$

式中　F——原料液的摩尔流量，kmol/h 或 kmol/s；

D——塔顶馏出液的摩尔流量，kmol/h 或 kmol/s；

W——塔底釜残液的摩尔流量，kmol/h 或 kmol/s；

x_F——原料液中易挥发组分的摩尔分数；

x_D——馏出液中易挥发组分的摩尔分数；

x_W——釜残液中易挥发组分的摩尔分数。

在式（2-2-1）和式（2-2-2）中有 6 个变量，若知其中 4 个便可联立求解其余的 2 个。工程计算中，通常已知 F、x_F 和分离要求 x_D、x_W，可求出塔顶馏出液量 D 和塔底釜残液量 W。

另外联立上式（2-2-1）和式（2-2-2），可解得

馏出液的采出率（D/F）：

$$\frac{D}{F} = \frac{x_F - x_W}{x_D - x_W} \tag{2-2-3}$$

釜液采出率（W/F）：

$$\frac{W}{F} = \frac{x_D - x_F}{x_D - x_W} \tag{2-2-4}$$

精馏的分离要求，除可用塔顶和塔釜的产品组成表示外，也可用原料中易挥发或难挥发组分的回收率表示。

塔顶易挥发组分的回收率为：

$$\eta_D = \frac{Dx_D}{Fx_F} \times 100\% \qquad (2\text{-}2\text{-}5)$$

塔釜难挥发组分的回收率：

$$\eta_W = \frac{W(1-x_W)}{F(1-x_F)} \times 100\% \qquad (2\text{-}2\text{-}6)$$

显然，$\dfrac{D}{F}$、$\dfrac{W}{F}$、η_D、η_W 都是相对量，其数值都应在 0～1 之间。

三、精馏段和提馏段的物料衡算

在连续精馏塔中，因原料不断进入塔中，故精馏段和提馏段的操作关系是不同的，应分别予以讨论。

1. 精馏段操作线方程

对图 2-2-2 虚线范围作精馏段物料衡算。

总物料衡算式

$$V = L + D \qquad (2\text{-}2\text{-}7)$$

轻组分物料衡算式

$$Vy_{n+1} = Lx_n + Dx_D \qquad (2\text{-}2\text{-}8)$$

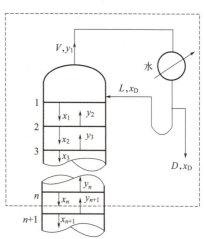

图2-2-2　精馏段物料衡算示意图

式中　V——精馏段上升蒸汽的摩尔流量，kmol/h；

　　　L——精馏段中下降液体的摩尔流量，kmol/h；

　　　y_{n+1}——从精馏段第 n+1 块塔板上升蒸汽中易挥发组分的摩尔分数；

　　　x_n——从精馏段第 n 块塔板下降的液体中易挥发组分的摩尔分数。

由以上两公式整理得：

$$y_{n+1} = \frac{L}{L+D}x_n + \frac{D}{L+D}x_D \qquad (2\text{-}2\text{-}9)$$

令 $R = \dfrac{L}{D}$，R 称为回流比，是塔顶回流液量与塔顶产品量的比值，它是精馏操作中很重要的操作参数，后面将对其进行讨论。又由于第 n 块塔板是任选的，只要在精馏段即能满足，故可去掉下标。将以上公式整理得

$$y = \frac{R}{R+1}x + \frac{x_D}{R+1} \qquad (2\text{-}2\text{-}10)$$

式（2-2-10）称为精馏段操作线方程。该式表示，在一定操作条件下，精馏段内任意两块相邻塔板之间下降液体组成与上升蒸汽组成之间的关系。

2. 提馏段操作线方程

对图 2-2-3 虚线范围作提馏段物料衡算。

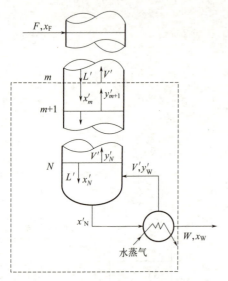

图2-2-3 提馏段物料衡算示意图

总物料衡算式

$$L' = V' + W \qquad (2\text{-}2\text{-}11)$$

轻组分物料衡算式

$$L' x'_m = V' y'_{m+1} + W x_W \qquad (2\text{-}2\text{-}12)$$

式中 L'——提馏段中下降液体的摩尔流量，kmol/h；

V'——提馏段上升蒸汽的摩尔流量，kmol/h；

x'_m——提馏段第 m 层板下降液体中易挥发组分的摩尔分数；

y'_{m+1}——提馏段第 $m+1$ 层板上升蒸汽中易挥发组分的摩尔分数。

由以上两公式整理得：

$$y'_{m+1} = \frac{L'}{L'-W} x'_m - \frac{W}{L'-W} x_W \qquad (2\text{-}2\text{-}13)$$

由于第 m 块塔板是任选的，只要在提馏段即能满足，故可去掉下标。将上式整理得

$$y = \frac{L'}{L'-W} x' - \frac{W}{L'-W} x_W \qquad (2\text{-}2\text{-}14)$$

式（2-2-14）称为提馏段操作线方程。该式表示，在一定操作条件下，提馏段内任意两块相邻塔板之间下降液体组成与上升蒸汽组成之间的关系。提馏段操作线在 $y-x$ 图上是一直线，必过点（x_W，x_W）。由于无法获知 L' 的数值（L' 不仅与 L 的大小有关，而且它还受进料量及进料热状况的影响），提馏段操作线无法直接在图上作出。

3. 精馏段操作线和提馏段操作线的作法

由精馏段操作线方程式（2-2-10）可知精馏段操作线在 $y-x$ 图上是一直线，其斜率是 $\frac{R}{R+1}$，截距是 $\frac{x_D}{R+1}$。当 $x = x_D$ 时，代入式（2-2-10）得 $y = x_D$。如图 2-2-4 所示，精馏段操作线必经过对角线上的点 a（x_D，x_D）和点 b（0，$\frac{x_D}{R+1}$）。a 点代表了全凝器的状态，连接 ab 即为精馏段操作线。

根据恒摩尔流的假设，提馏段 L' 为定值，当稳态操作时 W 和 x_W 也为定值，因此，式（2-2-14）在 $x-y$ 图上的图形也是直线，并且当 $x = x_W$ 时，

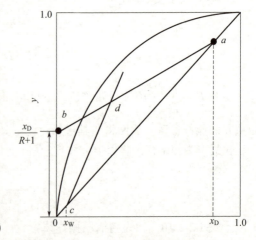

图2-2-4 精馏段和提馏段操作线

由式（2-2-14）得 $y=x_W$，说明提馏段操作线经过对角线上的（x_W，x_W）点。需要注意的是，提馏段液体量 L' 除了与精馏段的回流量 L 有关外，还受到进料量及进料热状况的影响（参考学习情境三学习任务一相关内容），所以当考虑进料热状况后，提馏段操作线方程式会有不同的变化。

操作线方程

✅ 任务实施

1. 将 100kmol/h 含乙醇 0.4（摩尔分数，下同）和水 0.6 的混合液在常压连续精馏塔中分离。要求馏出液含乙醇 0.85，釜液含乙醇不高于 0.02，求馏出液、釜液的流量及塔顶易挥发组分的回收率。

解：

全塔总物料衡算　　　　　　　　　　　$F=D+W=100$　　　　　　　　　　　　　　（a）

全塔乙醇的物料衡算　　　　　　　　　$Fx_F=Dx_D+Wx_W$

$$100×0.4=0.85D+0.02W \qquad （b）$$

联立（a）、（b）得

$$D=45.78kmol/h$$

$$W=54.22kmol/h$$

乙醇的回收率

$$\eta_D=\frac{Dx_D}{Fx_F}=\frac{45.78×0.85}{100×0.4}×100\%=97.28\%$$

2. 某连续精馏塔中分离乙醇-水溶液，已知料液含 30% 乙醇（质量分数，下同），加料量为 4000kg/h。要求塔顶产品含乙醇 91% 以上，塔底残液中含乙醇不得超过 0.5%。试求：①塔顶产量，塔底残液量（用摩尔流量表示）；②乙醇的回收率。

解：①乙醇的摩尔质量 46kg/kmol，水的摩尔质量为 18kg/kmol。

进料组成：

$$x_F=\frac{\dfrac{30}{46}}{\dfrac{30}{46}+\dfrac{70}{80}}=0.144$$

馏出液组成：

$$x_D=\frac{\dfrac{91}{46}}{\dfrac{91}{46}+\dfrac{9}{18}}=0.798$$

残液组成：

$$x_W=\frac{\dfrac{0.5}{46}}{\dfrac{0.5}{46}+\dfrac{99.5}{18}}=0.002$$

原料液的平均摩尔质量：$M_F=0.144×46+0.856×18=22.03kg/kmol$

进料量：$F=4000/22.03=181.57kmol/h$

全塔总物料衡算： $\qquad F=D+W=181.57$ （a）

全塔乙醇的物料衡算： $Fx_F=Dx_D+Wx_W$

即： $\qquad 181.57\times0.144=0.798D+0.002W$ （b）

联立（a）、（b）得：

$$D=32.39\text{kmol/h}$$

$$W=149.18\text{kmol/h}$$

②乙醇的回收率：

$$\eta=\frac{Dx_D}{Fx_F}=\frac{32.39\times0.798}{181.57\times0.144}=0.9886=98.86\%$$

3. 将含 0.24（摩尔分数，下同）易挥发组分的某液体混合物送入一连续精馏塔中。要求馏出液含 0.95 易挥发组分，釜液含 0.03 易挥发组分。送入冷凝器的蒸汽量为850kmol/h，流入精馏塔的回流液为670kmol/h，试求：每小时能获得多少 kmol/h 的馏出液，多少 kmol/h 的釜液，多少 kmol/h 的原料液。

解： $D=V-L=850-670=180\text{kmol/h}$

$\qquad F=D+W$ 即： $F=180+W$ （a）

$Fx_F=Dx_D+Wx_W$ 即： $0.24F=180\times0.95+0.03W$ （b）

联立（a）（b）两式解得： $W=608.57\text{ kmol/h}$

$\qquad\qquad\qquad F=788.57\text{ kmol/h}$

巩固练习

1. 精馏塔全塔物料衡算式能否用质量流量和质量分数？为什么？

2. 在连续精馏塔中分离苯-苯乙烯混合液，原料液量为5000kg/h，组成为0.45(质量分数，下同)，要求馏出液中含苯0.95，釜液中含苯不超过0.06。试求：馏出液量及塔釜产品量各为多少。（以摩尔流量表示）

3. 在一连续精馏塔中分离某混合液，混合液流量为5000kg/h，其中轻组分含量为30%（摩尔分数，下同），要求馏出液中能回收原料液中88%的轻组分，釜液中轻组分含量不高于5%，试求馏出液的摩尔流量及摩尔分数。已知轻组分 $M_A=114\text{kg/kmol}$，重组分 $M_B=128\text{kg/kmol}$。

子任务二 原料准备

任务描述

　　小刘所在工段的乙醇精馏即将投产，为此首先需要配制一定浓度的乙醇 - 水溶液，小刘需要掌握准确配制溶液和投料的技能。

学习目标

知识目标

1. 能概述乙醇 MSDS 的要点。

2. 能陈述原料混合液配制要点。

技能目标

能配制所需组成的原料并输送进入原料罐。

素质目标

能从工作任务计算过程中，养成团结协作和节约使用不浪费的态度。

 知识准备

一、乙醇MSDS

　　乙醇 - 水系统的精馏生产中，原料是稀乙醇溶液，产品是高纯度的乙醇。因此，必须了解清楚乙醇的安全特性。乙醇的安全技术说明书（MSDS）如下（摘选）：

　　【成分 / 组成信息】

　　有害物成分：乙醇　CAS：64-17-5

　　【危险性概述】

　　健康危害：本品为中枢神经系统抑制剂。首先引起兴奋，随后抑制。急性中毒：急性中毒多发生于口服。一般可分为兴奋、催眠、麻醉、窒息四阶段。患者进入第三或第四阶段，出现意识丧失、瞳孔扩大、呼吸不规律、休克、心力循环衰竭及呼吸停止。慢性影响：在生产中长期接触高浓度本品可引起鼻、眼、黏膜刺激症状，以及头痛、头晕、疲乏、易激动、震颤、恶心等。长期酗酒可引起多发性神经病、慢性胃炎、脂肪肝、肝硬化、心肌损害及器质性精神病等。皮肤长期接触可引起干燥、脱屑、皲裂和皮炎。

　　环境危害：本品易燃，燃爆危险，具刺激性。

　　【急救措施】

　　皮肤接触：脱去污染的衣服，用大量清水清洗。

　　眼睛接触：提起眼睑，用流动的清水或生理盐水清洗；及时就医。

　　吸入：迅速脱离现场，到空气新鲜处；及时就医。

【消防措施】

危险特性：易燃，其蒸气与空气可形成爆炸性混合物，遇明火、高热能引起燃烧爆炸。与氧化剂接触会发生化学反应或引起燃烧。在火场中，受热的容器有爆炸危险。其蒸气比空气重，能在较低处扩散到相当远的地方，遇火源会着火回燃。

有害燃烧产物：一氧化碳、二氧化碳。

灭火方法：尽可能将容器从火场移至空旷处。喷水保持火场容器冷却，直至灭火结束。

灭火剂：抗溶性泡沫、干粉、二氧化碳、砂土。

【操作处置与储存】

操作注意事项：密闭操作，全面通风。操作人员必须经过专门培训，严格遵守操作规程。建议操作人员佩戴过滤式防毒面具（半面罩），穿防静电工作服。远离火种、热源，工作场所严禁吸烟。使用防爆型的通风系统和设备。防止蒸气泄漏到工作场所空气中。避免与氧化剂、酸类、碱金属、胺类接触。灌装时应控制流速且有接地装置，防止静电积聚。配备相应品种和数量的消防器材及泄漏应急处理设备。倒空的容器可能残留有害物质。

储存注意事项：储存于阴凉、通风的库房。远离火种、热源。库温不宜超过30℃。保持容器密封。应与氧化剂、酸类、碱金属、胺类等分开存放，切忌混储。采用防爆型照明、通风设施。禁止使用易产生火花的机械设备和工具。存储区应备有泄漏应急处理设备和合适的收容材料。

【接触控制/个体防护】

职业接触限值：

中国 MAC（mg/m³）：未制定　　　苏联 MAC（mg/m³）：1000

TLVTN：OSHA（美国的一项职业安全与健康标准）1000ppm，1880mg/m³；ACGIH（美国政府工业卫生学家委员会）1000ppm，1880mg/m³

TLVWN：未制定

监测方法：气体检测管法

工程控制：生产过程密闭，全面通风。提供安全淋浴和洗眼设备。

呼吸系统防护：一般不需要特殊防护，高浓度接触时可佩戴过滤式防毒面具（半面罩）。

眼睛防护：一般不需特殊防护。

身体防护：穿工作服。

手防护：戴一般作业防护手套。

其他防护：工作现场严禁吸烟。

因此，进入精馏生产现场，必须按照安全措施做好准备工作，同时做好个人防护。

二、乙醇-水溶液组成分析中酒精计的使用

在精馏操作配制原料时，采用酒精计测量乙醇-水溶液的度数，需要选用精度和量程合适的酒精计，采用烧杯从原料罐取样口量取配制好的酒精溶液，再将酒精计缓缓放入液体中，慢慢松手，使酒精计在自身重量作用下在读数点上下三个分度内浮动，但不能与烧杯壁接触，插入温度计，稳定1~3min后才能读数。如果酒精计放入溶液中动作过大，酒精计在溶液中上下漂移范围就大，干管过多地被溶液浸湿而增加了酒精计的重量，使读数增加，造成测量误差。读数前要观察一下弯月面形成的环，如弯月面轮廓不均匀或上缘的高度各处不同，说明酒精计清洗不干净，应重新清洗。按弯月面下缘读数，观察者的眼睛应稍低于液面，使看

到的液面呈椭圆形，然后慢慢抬高眼睛位置直至椭圆形变成一条直线为止，读出此直线在分度表上的位置，并估计到最小分度值 1/10。将酒精计示值加上计量部门出具的检定证书上的修正值，得出修正后的示值。酒精计读数前后需分别测量液体的温度，取其平均值作为测量溶液时的液体温度，再根据温度浓度换算表查得相对应的酒精浓度。

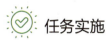

任务实施

不同温度下酒精计
示值与体积分数或
质量分数换算表

一、安全提示

（1）根据物料的 MSDS 进行工作的危险性分析，并做好防范措施。

（2）个人防护用品需检查后进行穿戴，如：防护手套、护目镜、工作服等。

（3）工器具使用前需检查其有效期、是否能正常工作等，切忌蛮力操作。

（4）操作时注意安全，防止磕碰。

（5）操作电气设备时，注意绝缘防护，避免接触带电部位。

（6）现场地面液体应及时清理，防止滑倒。

二、配制溶液工具的准备

配制乙醇 - 水溶液需要用到一些特定的工具，如表 2-2-1 所示。

表 2-2-1　配制乙醇 - 水溶液需要的工具

序号	名称	规格	单位	数量
1	量筒	1L	个	1
2	电子秤	50kg	个	1
3	塑料桶	50L	个	1
4	酒精计	含 0～100 各不同量程	套	1
5	温度计	0～100℃	个	1
6	烧杯	1L	个	1
7	废液桶	10L	个	2
8	计算器	常规	个	1

三、工作步骤

（1）乙醇质量计算　根据所需配制的原料的体积和浓度，计算相应高浓度乙醇的质量；

（2）乙醇称量　以塑料桶作为容器，使用电子秤准确称量计算所得的乙醇；

（3）加入乙醇溶液　将称得的乙醇倒入原料罐中；

（4）加入纯净水　往原料罐中加入一定量的纯净水；

（5）料液混合　开启原料泵，进行料液循环，使乙醇和水充分混合；

（6）浓度测量　待溶液充分混合后，采用酒精计测量乙醇溶液浓度；

（7）调整溶液浓度　比较配制的溶液浓度和规定原料浓度的差异，添加水或者乙醇，并重复步骤（5）、（6），直至原料液符合要求；

（8）清点和整理　完成后，清点所有工具，清理现场。

四、异常或违规处理

乙醇-水溶液配制过程中，由于操作不当或设备缺陷，可能会出现表2-2-2所述的异常或违规现象，需通过严格落实各项安全措施加以避免。

表2-2-2　溶液配制过程中的异常现象及处理方法

序号	异常（违规）现象	异常（违规）原因	安全措施
1	发生燃爆	乙醇遇明火燃烧	进行安全教育
2	料液浓度不均匀	原料泵操作不当或搅拌循环时间不足	进行离心泵操作培训
3	发生触电伤害	漏电	做好安全防护工作

巩固练习

1. 乙醇-水溶液中乙醇的摩尔分数为0.2，将摩尔分数换转为质量分数。

2. 氨水中氨的质量分数为0.25，要求计算氨水中氨的摩尔分数。

学习情境三
精馏装置操作

情境描述

　　小刘通过前期学习，对精馏相关知识有了深入了解，在现场熟悉了精馏装置的主要设备、仪表和阀门等，面对具体的精馏分离任务，小刘需要学习精馏装置如何开车，并控制精馏塔稳定运行，以完成对原料的精馏分离任务，对精馏操作中可能出现的异常现象需要学会如何处理，并在特定情况下能完成装置的正常停车。

学习任务一　精馏装置开车
子任务一　塔釜（再沸器）进料

任务描述

　　小王配制了规定浓度的原料液，完成开车前的各项准备工作，小刘需要熟练完成精馏塔的塔釜（再沸器）进料。

学习目标

知识目标

1. 能陈述进料状况及进料线方程。

2. 能陈述逐板计算法和图解法的要点和计算步骤。

3. 能陈述精馏塔塔釜（再沸器）进料作业的操作步骤。

技能目标

1. 能科学制订塔釜（再沸器）进料操作的工作计划。

2. 能通过泵和阀门协调操作实现快速进料和缓慢进料。

3. 能正确规范操作精馏塔进料作业相关设备。

素质目标

1. 养成规范撰写工作页的态度。

2. 在塔釜（再沸器）进料中具备良好职业道德和团队合作精神。

 知识准备

一、进料热状况和进料线方程

1. 进料热状况参数

在精馏塔内，由于原料的热状况不同，从而使进料板上升的蒸汽量和下降的液体量发生变化。为了分析进料的流量及热状况对精馏操作的影响，对进料板作物料衡算和热量衡算（图 3-1-1）。

总物料衡算：

$$F + L + V' = L' + V \qquad (3\text{-}1\text{-}1)$$

总热量衡算：

$$Fh_F + Lh_L + V'H_V = L'h_L + VH_V \qquad (3\text{-}1\text{-}2)$$

图3-1-1　进料板的物料与热量衡算

式中　H_V——蒸汽的摩尔焓，kJ/kmol；

　　　h_L——液体的摩尔焓，kJ/kmol；

　　　h_F——原料的摩尔焓，kJ/kmol。

由于塔内各板上的液体和蒸汽均呈饱和状态，相邻两板的温度和气液组成变化不大，所以可近似认为

$h_{n-1} = h_n = h =$ 原料在饱和液体状态下的摩尔焓

$H_n = H_{n+1} = H =$ 原料在饱和蒸汽状态下的摩尔焓

$$Fh_F + Lh + V'H = VH + L'h$$

整理后得

$$(V - V')H = Fh_F - (L' - L)h \tag{3-1-3}$$

将式（3-1-1）代入式（3-1-3）得

$$[F - (L' - L)]H = Fh_F - (L' - L)h$$

$$F(H - h_F) = (L' - L)(H - h)$$

$$\frac{H - h_F}{H - h} = \frac{L' - L}{F}$$

令

$$q = \frac{H - h_F}{H - h} = \frac{L' - L}{F} \tag{3-1-4}$$

即：

$$q = \frac{饱和蒸汽的焓 - 原料焓}{饱和蒸汽的焓 - 饱和液体的焓} = \frac{每摩尔原料汽化为饱和蒸汽所需要的热量}{原料的摩尔汽化潜热}$$

式中，q 为进料热状况参数，进料热状况不同，q 值亦不同。

由式（3-1-1）得

$$L' = L + qF \tag{3-1-5}$$

代入式（3-1-1）得

$$V' = V - (1 - q)F \tag{3-1-6}$$

式（3-1-5）和式（3-1-6）关联了精馏塔内的精馏段与提馏段上升蒸汽量 V、V'，下降液体量 L、L'，原料液量 F 及进料热状况 q。

2. 五种进料热状况

为了解精馏原料的进料热状况，常用进料的液化分数 q，即原料液中液体所占的分数来表示，又称为进料热状况参数。不同进料热状况时，q 值不尽相同。在生产中，加入精馏塔的原料可能有以下五种热状况，如图 3-1-2 所示。

（1）冷液体进料：原料液温度低于泡点的冷液体进料，此时 $q>1$；

（2）饱和液体进料：原料液温度为泡点的饱和液体进料，又称泡点进料，此时 $q=1$ ；

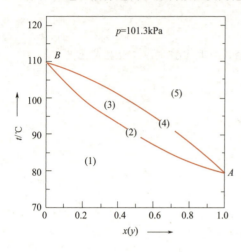

图3-1-2　五种不同的进料热状况图

（3）汽液混合物进料：原料温度介于泡点和露点之间的汽液混合物进料，此时 $0<q<1$ ；

（4）饱和蒸汽进料：原料温度为露点的饱和蒸汽进料，又称露点进料，此时 $q=0$ ；

（5）过热蒸汽进料：原料温度高于露点的过热蒸汽进料，此时 $q<0$ 。

3. 进料热状况的定性分析

进料量和进料热状况，影响精馏段和提馏段的下降液体流量 L 与 L' 间的关系及上升蒸汽 V 与 V' 间的关系。精馏段与提馏段液体摩尔流量与进料量及进料液化分数的关系如式（3-1-5）和式（3-1-6）所示，不同进料热状况下精馏段和提馏段汽液两相流量之间的关系如图3-1-3所示。

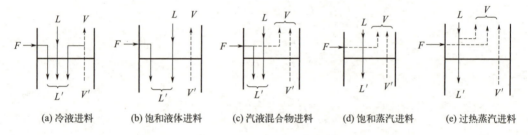

（a）冷液进料　（b）饱和液体进料　（c）汽液混合物进料　（d）饱和蒸汽进料　（e）过热蒸汽进料

图3-1-3　不同进料热状况下精馏段和提馏段
汽液两相流量之间的关系图

由此可见：

（1）冷液体进料　　$L'>L+F$ ，$V<V'$ ；

（2）饱和液体进料　$L'=L+F$ ，$V=V'$ ；

（3）汽液混合物进料　$L'=L+qF$ ，$V=V'+(1-q)F$ ；

（4）饱和蒸汽进料　$L'=L$ ，$V=V'+F$ ；

（5）过热蒸汽进料　$L'<L$ ，$V>V'+F$ 。

进料热状况

4. 进料热状况的定量分析

广义上讲，进料热状况参数都可以看作是进料中饱和液体的摩尔分数。饱和液体进料 $q=1$ ；饱和蒸汽进料 $q=0$ ；汽液混合物进料 $0<q<1$ ，这三种情况下进料热状况参数很容易确定。而对冷液体进料和过热蒸汽进料，q 可采用以下方法进行计算。

过冷液体：

$$q=\frac{H_V-h_F}{H_V-h_L}=\frac{H_V-h_L+h_L-h_F}{H_V-h_L}=1+\frac{\overline{C}_{PL}(t_b-t_F)}{r} \qquad (3-1-7)$$

过热蒸汽：

$$q = \frac{H_V - h_F}{H_V - h_L} = \frac{H_V - \left[H_V + \overline{C}_{pV}(t_F - t_d) \right]}{H_V - h_L} = -\frac{\overline{C}_{pV}(t_F - t_d)}{r} \qquad (3\text{-}1\text{-}8)$$

式中　$\overline{C}_{pL}$——进料温度（$t_b + t_F$）/2 时液体的比热容，kJ/（kmol·℃）；

　　　$\overline{C}_{pV}$——进料温度（$t_F + t_d$）/2 时的气体的比热容，kJ/（kmol·℃）；

　　　r——进料的摩尔汽化潜热，kJ/kmol；

　　　t_f——原料液温度，℃；

　　　t_d——汽相的露点温度，℃；

　　　t_b——液相的泡点温度，℃。

【例 3-1-1】 20℃的苯-甲苯原料液，$x_{苯}$=0.44，已知苯的汽化潜热为 389kJ/kg，甲苯的汽化潜热为 360kJ/kg，求 q。

解：由苯-甲苯的 $t\text{-}x\text{-}y$ 图查得，该条件下 t_b=93℃

（1）潜热 r：$r = 0.44 \times 389 \times 78 + 0.56 \times 360 \times 92 = 31900 \text{kJ/kmol}$

（2）显热 r'：在平均温度 $\dfrac{t_b + t_F}{2} = 56.5℃$ 下：

$$C_{pm} = 1.84 \times 78 \times 0.44 + 1.84 \times 92 \times 0.56$$
$$= 158 \text{kJ/(kmol·℃)}$$

所以 $r' = C_{pm}(t_b - t_F) = 158 \times (93 - 20) = 11534 \text{kJ/kmol}$

$$\Rightarrow q = \frac{r + r'}{r} = \frac{31900 + 11534}{31900} = 1.362$$

5. 进料线方程

联立精馏段操作线方程以及提馏段操作线方程，可以得到两线交点的轨迹方程，此轨迹方程称为进料线方程，也称作 q 线方程。

$$y = \frac{q}{q-1}x - \frac{x_F}{q-1} \qquad (3\text{-}1\text{-}9)$$

由此可见，当进料状况一定时，在 $y\text{-}x$ 图上 q 线为一直线，斜率为 $\dfrac{q}{q-1}$，且 q 线必过点（x_F、x_F）。

进料状况不同，q 值便不同，q 线的斜率 $\dfrac{q}{q-1}$ 也就不同，q 线方程亦不同。其中饱和液体进料的 q 线：$x = x_F$（$q=1$）；饱和蒸汽进料的 q 线：$y = x_F$（$q=0$）。

由于 q 线方程式是联立两操作线方程式而导出的，因此，q 线与两操作线之一的交点，也就是两操作线的交点。

6. 进料热状况对 q 线和操作线的影响

q 线与精馏段操作线的交点随着进料热状况不同而变动，提馏段操作线亦随之而变动，如表 3-1-1 和图 3-1-4 所示。

表 3-1-1　q 线斜率值及在 $x\text{-}y$ 图上的方位

进料热状况	q 值	q 线方程斜率 [$q/(q-1)$]	q 线在 $x\text{-}y$ 图上的方位
冷液进料	$q > 1$	+	ef_1（↗）

续表

进料热状况	q 值	q 线方程斜率 $[q/(q-1)]$	q 线在 x-y 图上的方位
饱和液体	$q=1$	∞	ef_2（↑）
汽液混合物	$0<q<1$	$-$	ef_3（↖）
饱和蒸汽	$q=0$	0	ef_4（←）
过热蒸汽	$q<0$	$+$	ef_5（↙）

二、进料方式

化工生产中的物料需要按工艺要求在各化工容器、设备和机器之间进行输送，被输送物料的性质如密度、黏度、毒性、腐蚀性、易燃性与易爆性等各不相同，同时工艺操作条件也会不同，有的处于常压状态、负压状态或承压状态，有的处于高温或低温状态，输送要求也会有所不同，所以输送方式要综合考虑各方面因素进行选择。配制好的原料液存放在原料槽罐内，将原料液由原料槽罐输送到塔内的方式有高位输送、加压输送、负压抽送、机械输送等多种形式。

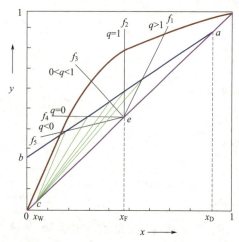

图3-1-4 进料热状况对q线和操作线的影响

化工生产中，最常见的流体输送方法是机械输送，通过流体输送机械对流体做功，实现流体输送的操作。输送液体最常用的机械是离心泵，输送气体最常用的机械是风机。离心泵具有结构简单、效率高、流量连续均匀、流量范围大、容易调节等优点，在石油化工生产中广泛应用。

三、进料危险特性分析

精馏塔的进料是开车操作的第一步，设备处于冷态，存在诸多安全隐患。进料液体通过离心泵后获得较高的静压能，如果离心泵的密封性不好，容易发生液体泄漏飞溅。进料量要适宜，液体不宜过多也不宜过少。进料过多可能造成再沸器满液，进料过少容易造成再沸器干烧，损坏设备。

想一想

精馏塔那么高，里面有多少块塔板呢？塔板数是如何确定的？连续精馏操作时应该从哪一块塔板进料？

四、理论塔板数的确定

板式精馏塔塔板数的计算是精馏计算的重要内容之一。计算塔的高度时，必须求出一定分离任务所需的塔板数（实际板数）。理论板是指离开该板的汽液两相互成平衡，塔板上各处的液相组成均匀一致的理想化塔板，即离开该塔板的汽液两相呈平衡状态，故理论塔板又称平衡塔板。理论板作为一种假定，可用作衡量实际板分离效率的依据和标准。通常，在工程设计中，先求得理论板层数，用塔板效率予以校正，即可求得实际塔板层数。

1. 理论塔板数的确定

（1）理论塔板数的确定原则

① 从最上层塔板（第 1 板）上升的蒸汽进入冷凝器中全部冷凝；

② 同一塔板汽液两相必须满足相平衡关系（汽液相平衡方程或相平衡曲线）；

③ 相邻两塔板间汽液两相组成（x_n，y_{n+1}）必须符合操作线关系（操作线方程或操作线）。

（2）理论塔板数的确定方法 通常，采用逐板计算法或图解法确定精馏塔的理论塔板数。求理论塔板数时，必须已知原料液组成、进料热状况、操作回流比和分离程度，并利用以上关系。

① 逐板计算法。从最上层塔板（第 1 板）上升的蒸汽进入冷凝器中全部冷凝，所以馏出液和塔顶回流液的组成都与该蒸汽组成相同，即 $y_1 = x_D$。

由于离开每一理论塔板的汽液两相是互成平衡的，所以从第 1 板上升的蒸汽组成 y_1 与从该板下降的液体组成 x_1 符合平衡关系，利用平衡线方程 $y_1 = \dfrac{\alpha x_1}{1+(\alpha-1)x_1}$，可由 y_1（即 x_D）求出 x_1。

因为 x_1 与 y_2 符合操作线方程 $y_2 = \dfrac{R}{R+1}x_1 + \dfrac{x_D}{R+1}$，故可由 x_1 求出 y_2。

以此类推，当计算至 $x_n \leqslant x_F$（以进料为饱和液体为准）时，说明第 n 板已是加料板，应属于提馏段。即精馏段需要 n-1 块理论塔板。

继续用同样的方法，可求出提馏段所需的理论塔板。所不同的是由于原料液的引入，从加料板开始往下计算，应改用提馏段操作线方程。一直计算到液相组成 $x_m \leqslant x_W$（x_W 为残液组成）为止。间接加热的精馏釜，再沸器可视作最后一块理论板。所以提馏段所需的理论板数（不包括再沸器）应为 m-1，精馏塔所需的总理论塔板数为 $n+m$-2。

计算举例

在常压下将含苯 0.25 的苯－甲苯混合液连续精馏分离。要求馏出液中含苯 0.98，釜残液中含苯不超过 0.085（以上皆为摩尔分数）。选用回流比为 5，进料为饱和液体，进料量为 100kmol/h。塔顶为全凝器。试用逐板计算法求所需理论板层数。（已知常压下苯－甲苯混合液的平均相对挥发度 α=2.47）。

逐板计算法求理论塔板数

在上述计算过程中，每使用一次平衡关系，表示通过一块理论塔板。用逐板计算法计算理论塔板数比较准确，并且同时得出每块板上汽液两相组成。

② 图解法。利用相平衡曲线和操作线，可在 y-x 图上用直角梯级图解法求理论塔板数，具体步骤如下：

首先，绘出 y-x 平衡线以及参考线（对角线）；

其次，绘出精馏段操作线、q 线、提馏段操作线；

精馏

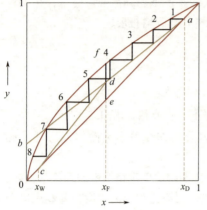

图 3-1-5　图解法求理论塔板数

然后，从 a 点开始在精馏段操作线和平衡线之间作直角梯级，当梯级跨过 d 点后，改在提馏段操作线和平衡线之间作直角梯级，直到跨过 c 点。

由于再沸器中液体受热部分汽化，汽液相为平衡状态，因此，其作用相当于一层理论板梯级，所以梯级总数减 1 即为不包括再沸器的理论板层数。

用图解法来确定理论塔板数时，每一级水平线表示应用一次汽液平衡关系，即代表一层理论板；每一根垂线表示应用一次操作线关系。越过两操作线交点 d 的那块理论板为适宜的加料板。

如图 3-1-5 所示，精馏塔的理论塔板数为 7 块（不包括再沸器），其中精馏段有 4 块，第 5 块为加料板，提馏段有 3 块。

图解法和逐板计算法的依据都是汽液平衡关系式和操作线方程，这两种方法各有优缺点：图解法较为简便、直观，便于对过程进行分析比较，但不够精确；逐板计算法过程复杂，但比较精确。我们需要辩证思考，根据不同方法的利弊，来解决精馏理论板求解过程中的具体问题。

2. 实际塔板数的确定

学习了理论塔板数的计算后，你知道实际塔板数会比理论塔板数多还是少呢？说一说你判断的理由。

由于影响塔板效率的因素十分复杂，如塔盘结构、操作条件及物系的性质，这些因素导致汽液两相在塔板上流动和接触状态的不同，影响传热、传质过程，不同程度地偏离理论板，即分离能力小于给定条件的理论板。实际板分离能力接近理论板程度常以塔板效率来描述。

设全塔实际塔板数为 N_P，理论塔板数为 N_T，该塔的总板效率 E_T 定义为：

$$E_T = \frac{N_T}{N_P} \tag{3-1-10}$$

根据实验研究、生产实践或经验估算，可确定总板效率 E_T，再根据分离要求及操作条件，求得精馏所需的理论塔板数 N_T，由上式确定精馏塔的实际塔板数 N_P。

$$N_P = \frac{N_T}{E_T} \tag{3-1-11}$$

56

计算举例

　　某精馏塔的理论塔板数为 17 块（包括再沸器），全塔效率为 0.5，则实际塔板数为多少块（不包括再沸器）？

　　总板效率 E_T 是反映全塔综合情况，不能反映某一段、某一塔板上的效率。为此，可分段测试确定各塔段的效率。若研究某一板的效率则由默弗里效率来表示，这里不多作介绍，有兴趣的读者可以查阅相关资料。

任务实施

一、安全提示

　　（1）个人防护用品需检查后进行穿戴，如安全帽、护目镜、手套等。
　　（2）工器具使用前需检查其有效期、是否能正常工作等，切忌蛮力操作。
　　（3）在精馏装置上操作时注意防止磕碰。
　　（4）操作电气设备时，注意绝缘防护，避免接触带电部位。
　　（5）现场地面液体及时清理，防止滑倒。

精馏装置塔釜
（再沸器）
进原料液

二、工作步骤

　　工作步骤见表 3-1-2。

表 3-1-2　工作步骤

序号	工作步骤
1	现场检查进料管路、阀门、仪表是否正常
2	检查无误后，外操打开泵前阀门
3	主操启动进料泵
4	外操打开泵后阀门和旁路阀门，选择合适塔板进料
5	外操时刻注意原料罐液位变化，及时将信息反馈给主操
6	待进料量达到理想位置，停止进料；按照关闭泵后阀门、关闭离心泵、关闭泵前阀的顺序进行

小贴士

　　UTS-JL-16J 精馏装置开停车操作过程中包含进料、加热、回流和采出等步骤，装置内操（即主操；主要负责电脑 DCS 的控制和调节）在操作过程中需要与外操 1（装置下层操作）及外操2（装置上层操作）密切配合，观察装置上温度、压力等各参数的变化，实时保持沟通，发挥团队协作精神，共同完成操作任务。

巩固练习

判断题

1. 进料过程只考虑进料快慢，进料越快越好。（　　）
2. 进料过程中，为了进料更加准确，适宜先快速进料，后缓慢进料。（　　）

子任务二　再沸器加热

任务描述

进料完成后，通常采用再沸器加热使料液在精馏塔产生汽液两相，利用各组分在两相中的传质分配不同，从而实现物质分离。小刘完成了开车前的准备工作，需要进行精馏装置的再沸器加热。

学习目标

知识目标

1. 能陈述再沸器的种类。

2. 能陈述再沸器的用途。

3. 能在再沸器衡算范围内进行物料衡算。

4. 能陈述再沸器加热操作步骤。

技能目标

1. 能科学制订再沸器加热操作的工作计划。

2. 能通过温度控制，维持装置的稳定。

3. 能规范撰写工作页。

素质目标

1. 培养规范撰写工作页的态度。

2. 在再沸器加热操作中具备良好职业道德和团队合作精神。

　知识准备

想一想

再沸器从本质上属于哪一种类型设备？（流体输送设备、传热设备、传质设备）

沸腾传热设备是化工过程中常用的一种设备。装于蒸馏塔底部，用于汽化塔底产物的换热器通常称之为再沸器（也称之为重沸器）。大多数的再沸器为管壳式换热器。根据实际生产中不同的需要，沸腾过程既可以发生在壳程，也可以发生在管程。

一、再沸器类型

再沸器可分为交叉流和轴向流两种类型。在交叉流类型中，沸腾过程全部发生在壳程，常用的形式有釜式再沸器、内置式再沸器、水平热虹吸再沸器、立式管侧热虹吸再沸器等。

在轴向流类型中，沸腾流体沿轴向流动，最常用的形式为立式热虹吸再沸器。当热虹吸再沸器的循环量不够时，则使用泵来增加循环量，这时，称之为强制流动再沸器。强制流动再沸器既可以为立式结构，也可以为水平结构。通常，立式热虹吸再沸器和强制流动再沸器的沸腾过程均发生在管程，但在特殊的应用场合，沸腾过程也可发生在壳程。下面就各种类型再沸器的优缺点及应用作较详细的分析。

1. 釜式再沸器

如图3-1-6所示，釜式再沸器有一个扩大的壳体，汽液分离过程在壳体中进行。液面通过一个垂直的挡板来维持，以保证管束完全浸没在液体中。管束通常为两管程的U形管结构，也可以为多管程的浮头式结构。

水动力对釜式再沸器的影响很小，因此，其性能相对可靠，特别在高真空条件下，其性能更好。通过增加管间节距，可获得很高的热流密度，在小温差的条件下，可获得良好的运行状况。釜式再沸器优点是传热系数小，壳体容积大，可靠性高，维护、清理方便。釜式再沸器的缺点是占地面积大，容易结垢。该再沸器存在溢流堰，容易导致物料内的固体颗粒在溢流堰加热那一侧累积结垢，是所有类型再沸器中最容易结垢的一类。此外，此类再沸器壳体较大，造价较高。釜式再沸器的最佳应用场合是低压、窄沸点范围以及小温差或大温差条件下的洁净流体。对于近临界压力的条件，尽管壳体较大，造价高，但性能较为可靠。

2. 内置式再沸器

如图3-1-7所示，内置式再沸器的特点是管束直接插入蒸馏塔的塔底液池中。其他同釜式再沸器一样，其优点亦和釜式再沸器相同，受水力的影响很小。由于省去了壳体及连接管路等，因而内置式再沸器是所有类型再沸器中造价最低的一种。除了没有壳体外，内置式再沸器的缺点也是容易结垢，此外，其传热面也很有限。其应用场合类似于釜式再沸器。

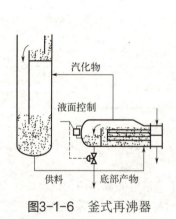

图3-1-6　釜式再沸器

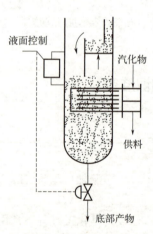

图3-1-7　内置式再沸器

3. 水平热虹吸再沸器

如图3-1-8所示，进料是从塔底下降管引入再沸器，液体在壳程沸腾发生汽化，形成密度较小的汽液混合物，由于进料管和排出管中液体的密度差，产生静压差，成为流体自然循环的推动力。加热介质在管内流动，管程可以为单流程，也可以为多流程。

其优点是有较高的循环率,因而有较高的流速和较低的出口干度,从而防止了高沸点组分的积聚和降低了结垢的速率。由于管束为水平方向布置,且流动面积易于控制,因而需要的静压头较低。其缺点是壳程结垢后很难清洗,占地面积大,传热系数中等。由于折流板及支承板的影响,在高热流条件下,可发生局部的干涸现象。对于大型热虹吸再沸器,为了使流动分布均匀,需设多个管口和连接管件,这必然增加再沸器的造价。

4. 立式管侧热虹吸再沸器

如图 3-1-9 所示,沸腾过程发生在管程,加热介质在壳程,两相混合物以较高的流速由排出管流向塔内。排出管口的流通截面积至少应与管束总的过流面积一样大,排出管的压降应小于总压降的 30%。排出管既可由沿轴向的大直径弯管和塔连接,也可采用侧面开口和塔连接。壳程不能机械清洗,不适宜输送高黏度或脏的传热介质。

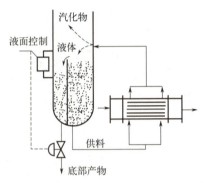

图3-1-8　水平热虹吸再沸器

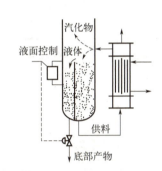

图3-1-9　立式管侧热虹吸再沸器

出口管的结构对再沸器的性能影响很小,但出口管的最小过流面积对再沸器的性能影响很大。流动循环的驱动压头由塔内液池的液面高度提供。通常,塔内的液面和再沸器的上管板在一个水平面上。所以在设计上要保证最低液位,液位过低、塔内液相和再沸器内液相温差太小、塔内液相轻组分过少,都会影响此类再沸器的功能。

5. 垂直壳侧热虹吸再沸器

如图 3-1-10 所示,沸腾过程发生在壳侧。壳侧装有折流板,以使流体纵向流动。垂直壳侧热虹吸再沸器适用于特殊的场合,在这种场合下,将加热介质放在壳侧是不合适的。例如,对于废热锅炉,由于加热流体的腐蚀性,因而要用特殊的金属材料,这时加热介质走管程较为合适。

6. 强制流动再沸器

如图 3-1-11 所示,沸腾过程发生在管内侧,流体循环的动力由高流量泵提供。通常,确保蒸发率小于 1%,而流体经过出口管处的阀门后将完全闪蒸。强制流动再沸器适于高黏度、热敏性物料,固体悬浮液,长显热段和低蒸发比的高阻力系统。在流体保持很高的流速和非常低的蒸发率的条件下,可使结垢的速率大大减小,然而这就要求有效流速在 5 ～ 6m/s,导致泵的造价和能源的消耗很高,也加剧了对换热器和管道的冲刷腐蚀。

二、再沸器性能比较

针对以上六类再沸器,在结构特点、优缺点方面做全面比较,各类再沸器性能比较见

表 3-1-3。

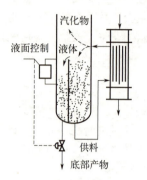

图3-1-10　垂直壳侧热虹吸再沸器

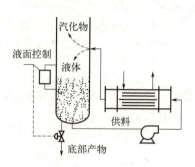

图3-1-11　强制流动再沸器

表 3-1-3　各类再沸器性能比较

再沸器类型	结构特点	优点	缺点
釜式再沸器	釜式再沸器有一个扩大的壳体,汽液分离过程在壳体中进行	水动力对釜式再沸器的影响很小,可靠性高,维护、清理方便	传热系数小,壳体容积大,占地面积大,容易结垢,造价较高
内置式再沸器	管束直接插入蒸馏塔的塔底液池中	结构简单,造价最低	传热面积有限,传热效果不理想
水平热虹吸再沸器	从塔底下降管引入再沸器,液体在壳程沸腾发生汽化,形成密度差,成为流体自然循环的推动力	有较高的循环率,防止了高沸点组分的积聚,降低了结垢的速率,流动面积易于控制	壳程结垢后很难清洗,占地面积大,传热系数中等
立式管侧热虹吸再沸器	塔釜提供汽液分离空间和缓冲区,两相混合物以较高的流速由排出管流向塔内	结构紧凑、占地面积小、传热系数高	壳程不能机械清洗,不适宜输送高黏度、或脏的传热介质
垂直壳侧热虹吸再沸器	沸腾过程发生在壳侧。壳侧装有折流板,以使流体纵向流动	流体循环速率高,传热系数比较大,物料在换热管内的停留时间短,不易结垢,管程容易清洗	易产生腐蚀
强制流动再沸器	沸腾过程发生在管内侧,流体循环的动力由高流量泵提供	流体流速较大,适于高黏度、热敏性物料,固体悬浮液,长显热段和低蒸发比的高阻力系统	泵的造价和能源的消耗都很高

三、再沸器的物料衡算

 想一想

你知道塔釜排出液浓度 x_M 与 x_W 有什么关系吗?

如图 3-1-12 所示,塔底为再沸器,那么对再沸器范围作物料衡算:

$$\begin{cases} L' = V' + W \\ L'x_M = V'y_W + Wx_W \end{cases} \qquad (3\text{-}1\text{-}12)$$

式中　L'——进入再沸器的液体的摩尔流量，kmol/h；

　　　V'——离开再沸器的蒸汽的摩尔流量，kmol/h；

　　　W——釜残液的摩尔流量，kmol/h；

　　　x_M——进入再沸器的液体的摩尔分数；

　　　x_W——离开再沸器的液体的摩尔分数；

　　　y_W——离开再沸器的蒸汽的摩尔分数。

从物料衡算中发现，物料衡算式与汽液两相在提馏段的物料衡算完全一致。再沸器起到一个理论塔板的作用，故离开再沸器的汽液两相组成呈平衡状态。在相图中，汽液相组成之间的关系如图3-1-13所示，离开再沸器的汽液两相量之间的关系满足杠杆规则。

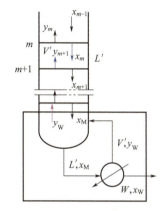
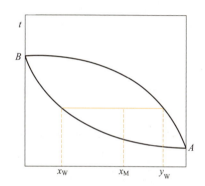

图3-1-12　塔釜再沸器物料衡算　　　　图3-1-13　汽液两相离开再沸器相图关系

由于离开再沸器的蒸汽直接进入再沸器最后一层塔板，故离开再沸器的汽相浓度 y_W 与进入塔底第一块板的汽相浓度相等。

 小贴士

再沸器的节能思考

精馏是在化工生产中应用最为广泛且必不可少的单元操作，同时也是化工过程中能耗和设备投资占比较高的操作单元，在炼油、石化等行业中，精馏能耗占全过程总能耗的 50% 以上。

连续精馏装置的热量衡算主要指塔底再沸器和塔顶冷凝器的热量衡算。精馏的加热方式有直接蒸气加热和间接蒸气加热之分，大多加热方式为间接蒸气加热，其加热介质消耗量取决于再沸器的热负荷。

2020 年 9 月，我国提出"二氧化碳排放力争于 2030 年前达到峰值，努力争取 2060 年前实现碳中和"的目标和愿景，是党中央经过深思熟虑作出的重大战略决策，事关中华民族永续发展和构建人类命运共同体。

精馏过程的节能，对于减少能源消耗，降低生产成本和保护环境具有十分重要的意义。在精馏过程中可以采用最适宜回流比操作和最佳进料状态，使用中间冷凝器和中间再沸器，采用多效精馏技术、热泵精馏技术，合理安排多组分物料分离流程，提高过程的分离效率，提高物料回收率，进而降低能耗。

作为在校学生，要正确树立节能减排意识。"意识决定行动，行动决定结果"，只有对节能减排的认识正确，才能激发全体员工自觉参与节能减排工作。我们要认识到节能减排不仅是企业生产、汽车尾气排放等对环境污染所带来的问题，社会的主体是人，节能减排的主体也必须是人，节能减排必须从每一个人来抓起。由于个体的认识不足或者忽视，致使一滴水、一度电等白白地浪费掉、汽车无情地冒着黑烟……不是没有人注意到环境的恶化已经带来的危害，而是多数人认为环境污染问题离自己很遥远，不是自己的事情，也不是浪费自己的钱财，甚至有一些人认为自己有钱，无所谓浪费。殊不知，水、电、气这些都是人类共同的资源，现在的浪费，会给子孙后代带来无穷隐患。因此，节能减排人人有责，需要人人参与。

 任务实施

一、安全提示

（1）个人防护用品需检查后进行穿戴，如安全帽、护目镜、手套等。
（2）工器具使用前需检查其有效期、是否能正常工作等，切忌蛮力操作。
（3）在精馏装置上操作时注意防止磕碰。
（4）操作电气设备时，注意绝缘防护，避免接触带电部位。
（5）现场地面液体及时清理，防止滑倒。

二、工作步骤

工作步骤见表3-1-4。

精馏装置塔釜（再沸器）加热

表3-1-4　工作步骤

序号	工作步骤
1	主操启动再沸器加热按钮，开始加热
2	实时观察温度、压力、流量、液位等参数，维护精馏操作稳定运行
3	操作过程及时正确记录数据，填写工作页

巩固练习

一、判断题

1.再沸器实际上是一种蒸发器，在精馏过程中相当于一个理论塔板。（　　）
2.离开再沸器的汽液两相组成相等、温度相等。（　　）

二、单选题

1. 对黏度较大的物料，精馏适宜采用（　　）。

　　A. 釜式再沸器　　　　　　　　　　　B. 内置式再沸器

　　C. 水平热虹吸再沸器　　　　　　　　D. 强制流动再沸器

2. 离开塔底第一块板的液相浓度 x 与釜残液浓度 x_W 有何关系（　　）。

　　A. $x > x_W$　　　　B. $x < x_W$　　　　C. $x = x_W$　　　　D. 不确定

三、简答题

简述再沸器加热的步骤。

四、计算题

某一精馏塔进入再沸器的液体的流量为 100kmol/h，釜残液流量为 40kmol/h，进入再沸器的液体的摩尔分数为 0.3，离开再沸器的蒸汽的摩尔分数为 0.2，求进入塔底第一层塔板的蒸汽组成。

子任务三　建立全回流

任务描述

在精馏塔的开车操作时，塔顶和塔釜物料浓度均未达到工艺规定的要求，不能采出送往下道工序，通过全回流，可尽快在塔内建立起浓度分布，使塔顶、塔底物料浓度在短时间内达到质量要求，因此精馏塔的产品采出前要建立全回流。在连续化工生产过程中，当精馏的上下游其他工段出现故障不得不短时间停止进出料时，为了保证精馏系统的热备用状态，减少开停车额外的能源和工时损耗，也会选择将精馏系统切到全回流模式。小刘完成了进料和加热，需要建立全回流，快速使塔内浓度分布达到技术要求。

学习目标

知识目标

1. 能叙述全回流的概念。

2. 能描述全回流的操作特点。

技能目标

1. 能科学制订全回流操作的工作计划。

2. 能制定精馏装置全回流操作步骤，并团队协作规范进行精馏装置全回流操作。

3. 能通过调节控制，使装置快速稳定。

素质目标

1. 培养规范撰写工作页的态度。

2. 在全回流操作中具备良好职业道德和团队合作精神。

 知识准备

在精馏塔的操作中，蒸汽上行而液体向下流动，两相在塔中段的各级塔板或填料处接触并传质传热。为连续操作，塔釜需要加热液体将其变为持续的蒸汽，而塔顶就要冷凝蒸汽为液体。一般的操作状态下，塔顶的冷凝液部分采出为馏出液，部分回流从塔顶淋下，回流部分和采出部分的比例也称为回流比（R）。

 想一想

回流是保证精馏塔连续定态操作的基本条件，因此回流比是精馏过程的重要参数。回流比的大小对产品产量和产品质量的影响很大。除此之外，回流比对精馏还有影响吗？

一、全回流操作

回流比有一个范围。范围的下限为最小回流比；回流比一定大于最小回流比且无上限，即可趋向无穷大。当回流比趋向无穷大时，即全回流。

1. 全回流操作的条件

在特殊情况下，可以将塔顶的冷凝液全部回流至塔内，即回流比 R 等于无穷大，则这种操作状态称为全回流。全回流操作满足以下三个条件：

① 将塔顶上升的蒸汽全部冷凝后又全部回流至精馏塔内，即产品量 $D=0$；
② 不向塔内进料，即原料液流量 $F=0$；
③ 不取出塔底产品，即残液量 $W=0$。

在这三种条件下进行的操作就称为全回流操作。

2. 全回流操作的特点

全回流的特点是全回流时回流比 $R \rightarrow \infty$，既不向塔内进料，也不从塔内取出产品，此时生产能力为零。操作线与对角线重合（图 3-1-14），精、提操作线均为：$y=x$。斜率与对角线重合，全塔无精馏段、提馏段之分，此时操作线距平衡曲线最远，汽液两相间传质推动力最大。

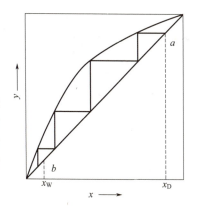

图3-1-14 全回流最少理论板数的图解

3. 全回流操作的意义

通常所谓的全回流不光塔顶无产品采出，进料和塔底产品也为零，整个精馏塔与外界仅有热量的交换。值得指出的是，虽然全回流操作实际上没有产品采出，但是该状态便于稳定控制，而且精馏塔的分离效果随回流比增大而提高，全回流对应着理论上的最佳分离效果。因此，在精馏塔的开工调试阶段及对精馏过程的实验研究中，常采用全回流操作。在精馏塔开车操作时，塔顶、塔釜物料浓度均未达到工艺规定要求，不能采出送往下道工序，通过全回流操作，可尽快在塔内建立起浓度分布，使塔顶、塔釜物料浓度在最短时间达到质量要求，解除全回流，补加物料，调整加热蒸汽量，便于顺利向正常生产过渡。

二、最小回流比

1. 最小回流比的定义

对一定的分离任务，若减小回流比，则操作线便逐渐向平衡线靠拢。当两操作线交点沿 q 线移至与平衡线刚刚相交时，即点 e（x_e，y_e），如图 3-1-15 所示，达到分离任务所需的理论塔板数为无穷多，此时的回流比被称为最小回流比，用 R_{min} 表示。在 e 点附近，各层塔板的汽液相组成基本不发生变化，即没有增浓作用，故 e 点被称为夹紧点，这个区域被称为夹紧区或者恒浓区。显然，在该回流比下，无法完成指定的分离任务。

想一想

某一操作中的精馏塔，若实际回流比小于最小回流比，该塔能否正常操作？

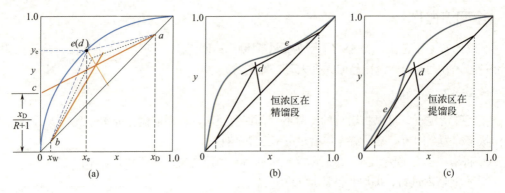

图3-1-15　最小回流比的确定

2. 最小回流比的求法

（1）作图法　对于正常的平衡曲线，精馏段操作线斜率为

$$\frac{R_{min}}{R_{min}+1}=\frac{x_D-y_e}{x_D-x_e} \tag{3-1-13}$$

整理得

$$R_{min}=\frac{x_D-y_e}{y_e-x_e} \tag{3-1-14}$$

对于像图 3-1-15（b）、（c）非理想的平衡曲线，夹紧点可能在平衡线和操作线的交点前出现，像这种情况根据精馏段操作线斜率采用相切的点求得最小回流比。

（2）解析式法

对于泡点进料，$x_e=x_F$，则

$$R_{min}=\frac{1}{\alpha-1}\left[\frac{x_D}{x_F}-\frac{\alpha(1-x_D)}{1-x_F}\right] \tag{3-1-15}$$

对于露点进料，$y_e=x_F$，则

$$R_{min}=\frac{1}{\alpha-1}\left[\frac{\alpha x_D}{x_F}-\frac{\alpha(1-x_D)}{1-x_F}\right]-1 \tag{3-1-16}$$

三、最适宜回流比

1. 回流比对操作的影响

操作过程中的总费用包括操作费用和设备费用。

操作费用包括再沸器中加热介质的消耗量、冷凝器中冷却介质的消耗量以及动力消耗费用，故也常被称为能源费用。由于 $V=(R+1)D$，$V'=(R+1)D+(q-1)F$，若回流比增大，L、V、V' 都将增大，冷凝器和再沸器的负荷都将增大，操作费用增加。操作费用随回流比的变化关系如图 3-1-16 中线 2 所示。

设备费用主要指精馏塔、再沸器、冷凝器及其辅助设备的购置费用。当回流比为最小回流比时，完成分离任务所需要的理论塔板数为无穷多个，故设备费用为无穷大。随着回流比的增大，起初能显著地减小所需理论塔板数，设备费用明显降低；再增加回流比，所需塔板数下降得缓慢，与此同时，塔内上升蒸汽和下降液体的流量变大，致使塔径、塔板面积、再沸器、冷凝器尺寸都变大，设备费用将有所增加。设备费用随回流比的变化关系如图3-1-16中线1所示。操作费用和设备费用之和最低时的回流比称为适宜回流比。

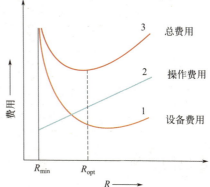

图3-1-16　适宜回流比的确定

2. 最适宜回流比的确定

根据经验，适宜回流比的范围为

$$R_{opt} = (1.1 \sim 2.0)R_{min} \qquad (3\text{-}1\text{-}17)$$

在精馏塔的设计中，选取适宜回流比还要考虑一些其他因素，如难分离物系，宜采用较大的回流比，而在能源紧张的地区，宜采用较小回流比以节约能耗。

 小贴士

　　精馏操作过程，投资成本（设备费用）和运行成本（操作费用）是一对矛盾，有时改变一个工艺参数，例如增加回流比，虽然会使得投资成本降低，但同时也会造成运行成本的增加，那么如何确定一个合适的工艺参数，兼顾投资成本和运行成本这一对矛盾，使得最终生产总成本最低，这就需要充分认识马克思主义哲学原理中的对立统一规律。对立统一规律指的是客观事物之间存在相互排斥、相互依存的关系，处于相互联系和相互制约之中。和谐是矛盾的另一种特殊表现形式，是正确处理矛盾双方的结果，只有矛盾双方处于和谐的状态，才能相互促进、共同发展。

任务实施

一、安全提示

（1）个人防护用品需检查后进行穿戴，如安全帽、护目镜、手套等。

（2）工器具使用前需检查其有效期、是否能正常工作等，切忌蛮力操作。

（3）在精馏装置上操作时注意防止磕碰。

（4）操作电气设备时，注意绝缘防护，避免接触带电部位。

（5）现场地面液体及时清理，防止滑倒。

二、工作步骤

工作步骤见表3-1-5。

表 3-1-5　工作步骤

序号	工作步骤
1	待塔顶温度上升至易挥发组分沸点左右时，可以建立全回流，提前开启塔顶全凝器冷却水
2	装置二楼副操观察回流罐液位，待回流罐内有液位时，将液位情况及时汇报给主操
3	装置主操根据回流罐液位情况，及时开启回流泵，二楼主操启动回流阀，将馏出液全部打回塔内
4	装置主操及时关注塔板温度，并适当调小再沸器加热开度，使各个塔板呈现较好的温度分布
5	装置一楼主操在操作过程及时正确记录数据，填写工作页

巩固练习

精馏装置
全回流操作

一、填空题

1.精馏塔所需理论塔板数最少时的回流比为＿＿＿＿＿＿。

2.某连续精馏塔中，若精馏段操作线的截距为零，则馏出液的流量为＿＿＿＿＿＿。

二、单选题

1.全回流时，操作线与平衡线之间的距离为（　　）。

A.最近　　　　B.最远　　　　C.操作线落在平衡线上

2.适宜回流比为（　　）。

A.最小回流比　　B.最大回流比　　C.介于两者之间

三、简答题

简述全回流开车的步骤。

四、计算题

用常压精馏塔分离双组分理想混合物，泡点进料，进料量 100kmol·h^{-1}，加料组成为 50%，塔顶产品组成 $x_D = 95\%$，产量 $D = 50$kmol·h^{-1}，回流比 $R=2R_{min}$，设全塔均为理论板，以上组成均为摩尔分数。相对挥发度 $\alpha = 3$。

求：

（1）R_{min}（最小回流比）。

（2）精馏段和提馏段上升蒸汽量。

（3）该情况下的精馏段操作线方程。

子任务四　部分回流操作

任务描述

　　通过前期学习，小刘已经成功地进行了精馏装置开车，并建立了稳定的全回流。接下来小刘需要学习塔板数相关知识，根据生产要求选择合适的进料板连续进料，进行部分回流操作，将馏出液部分采出作为塔顶产品，塔釜残液采出作为塔釜产品，达到混合液精馏分离的目的。

学习目标

知识目标

1. 能陈述部分回流中进料状态、进料位置和回流比的含义。

2. 能陈述部分回流的操作要点。

技能目标

1. 能科学制订部分回流操作的工作计划。

2. 能通过调节控制进行装置稳态运行。

3. 能规范进行取样分析。

素质目标

1. 培养规范撰写工作页的态度。

2. 在部分回流操作中具备良好职业道德和团队合作精神。

　知识准备

一、进料热状况的选择

　　如学习情境三中学习任务一所述，进料热状况可由 q 值表征，进料热状况对精馏的影响主要表现在提馏段传质推动力和再沸器的热负荷。

　　q 值越小，提馏段操作线越靠近平衡线，传质推动力越小；但是，q 值越小，即进料前经预热或部分汽化，V' 越小，再沸器的热负荷越小，节省操作费用。因此，要根据具体的工况和工艺要求，从总费用的角度综合考虑选择合适的进料热状况。

二、进料板的确定

　　你知道连续精馏操作时应该从哪一块塔板进料吗？从不同的塔板进料会对操作有什么影响？

1. 适宜的加料位置

在图解理论塔板数时,当跨过两操作线交点时,更换操作线。而跨过两操作线交点时的梯级即代表适宜的加料位置,因为如此作图所作的理论塔板数为最小。

若梯级已跨过两操作线的交点,而仍继续在精馏段操作线和平衡线之间绘梯级,由于交点以后精馏段操作线与平衡线的距离较提馏段操作线与平衡线之间的距离近,故所需理论塔板数较多。反之,如还没有跨过交点,而过早地更换操作线,也同样会使理论塔板数增加。可见,当跨过两操作线交点后更换操作线作图,所定出的加料位置为适宜的位置。

精馏塔塔板数一定的情况下,进料板上移意味着精馏段的板数减少,提馏段的板数增加;进料板下移则意味着精馏段的板数增加,提馏段的板数减少。在实际操作中,可以通过改变进料位置来应对进料组成变化,如果进料轻组分含量增加,进料口上移;如果进料重组分含量增加,进料口下移。

温故知新

关于进料热状况,可以参考学习情境三的学习任务一中相关内容。

2. 原料液的加料类型

依据分离任务的不同,可在精馏塔的不同位置进料。

(1)塔中间进料(如图3-1-17所示) 在精馏塔的中间进料时,应该在进入的原料混合物组成与精馏塔中向下流动的液体组成相一致的位置进料。为了可以灵活地操作精馏塔,在精馏塔中间区域设置了多个可供选择使用的进料口。

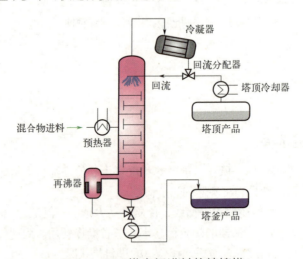

图3-1-17 塔中间进料的精馏塔

在两组分均是高价值的混合液中,各组分组成约占一半且需要得到两个相对纯净的组分时,选择在精馏塔中部进料。例如,分离甲醇/乙醇混合物得到较为纯净的甲醇和乙醇就适合在精馏塔中间进料。

(2)再沸器进料(如图3-1-18所示) 原料混合液进入再沸器并在再沸器中加热沸腾。产生的蒸汽向上通过精馏塔并在塔中不断富集轻组分(浓缩)。这时的精馏塔就是浓缩塔。位于塔顶的蒸汽主要包括轻组分，经冷凝后，一部分冷凝液作为回流液流回精馏塔，另一部分作为塔顶产品排出。塔底产品是由大量重组分和少量轻组分组成的混合液。

轻组分是价值较高的混合液，例如从水/乙醇混合液中浓缩乙醇，适用再沸器进料。

此时，在 y-x 图中只有精馏段操作线，没有提馏段操作线，在精馏段操作线和相平衡线之间做直角梯级确定理论塔板数。精馏段操作线的斜率取决于回流比的大小。在回流比较大时，精馏段操作线远离相平衡线，所需理论塔板数减少。在回流比较小时，精馏段操作线靠近相平衡线，所需理论塔板数增加。

（3）塔顶进料（如图 3-1-19 所示）　将原料混合液通入塔顶并向下流过精馏塔，利用上升的蒸汽汽提（蒸馏出）轻组分。这时精馏塔就是汽提塔。从塔底采出纯度很高的重组分。在冷凝器中产生包括大量轻组分和少量重组分的混合液。

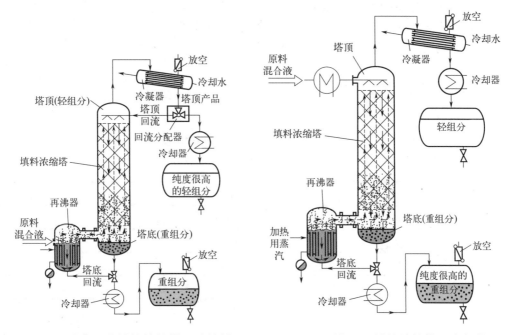

图3-1-18　再沸器进料的精馏塔（浓缩塔）　　图3-1-19　塔顶进料的精馏塔（汽提塔）

混合液中提取纯净的高价值的重组分，例如从油/水混合物中提取油，适用塔顶进料。

此时，在 y-x 图中只有提馏段操作线，没有精馏段操作线，在提馏段操作线和相平衡线之间做直角梯级确定理论塔板数。

三、回流比的确定

回流比对精馏操作有很大的影响。当精馏塔的塔板数固定时，若原料液的组成及其热状况也一定，则加大回流比可以提高产品的纯度，但由于再沸器的负荷一定，此时加大回流比会使塔顶产品量降低，则降低塔的生产能力。回流比过大，将会造成塔内物料循环量过大，甚至破坏塔的正常操作。反之，减小回流比时情况正好相反。所以在生产中，回流比的正确控制与调节，是优质、高产、低能耗的重要因素之一。

精馏塔适宜的回流比为最小回流比的 1.1 ～ 2.0 倍。只有当塔内正常生产条件受到影响

（如产品质量严重不合格时）必须用回流比调节时，才能适当调节回流比。回流比的调节方法，一是增减冷凝器中冷剂的量，增减时要注意不要影响塔压变化和全塔的平衡；二是调节回流量和塔顶采出量。

 任务实施

一、安全提示

（1）个人防护用品需检查后进行穿戴，如安全帽、护目镜、手套等。
（2）工器具使用前需检查其有效期、是否能正常工作等，切忌蛮力操作。
（3）在精馏装置上操作时注意防止磕碰。
（4）操作电气设备时，注意绝缘防护，避免接触带电部位。
（5）现场地面液体及时清理，防止滑倒。

二、精馏操作设备和工具准备

（1）精馏装置正常开车；
（2）取样分析所用工具　取样分析所用工具见表3-1-6。

表 3-1-6　取样分析工具

序号	名称	规格	单位	数量
1	量筒	250mL	个	1
2	量筒	500mL	个	1
3	烧杯	300mL	个	3
4	酒精计	含 0～100 各不同量程	套	1
5	废液桶	10L	个	1
6	计算器	常规	个	1

三、工作步骤

工作步骤见表3-1-7。

精馏装置
部分回流操作

表 3-1-7　工作步骤

序号	工作步骤
1	塔顶冷凝液和残液各取样分析
2	规范操作并及时调整再沸器和预热器加热温度、进料量及回流比，按需求控制塔内汽液相负荷大小，以保持塔设备良好的热、质传递，获得合格的产品
3	采样分析馏出液和残液组成
4	操作过程及时正确记录数据，填写工作页

巩固练习

一、判断题

1. 实现规定的分离要求，所需实际塔板数比理论塔板数多。（　　　）
2. 蜂窝状接触状况和泡沫接触状态均为优良的工作状态。（　　　）

二、单选题

1. 某精馏塔的理论塔板数为 16 块（不包括再沸器），全塔效率为 0.5，则实际塔板数为（　　　）块（不包括再沸器）。

　　A. 8　　　　　　　　　　B. 30　　　　　　　　　　C. 32　　　　　　　　　　D. 34

2. 精馏塔塔顶温度偏高，不可以采取的措施是（　　　）。

　　A. 增加回流量　　　　　　　　　　　　B. 降低再沸器加热量
　　C. 降低回流量　　　　　　　　　　　　D. 增加塔顶冷凝器冷凝量

三、简答题

简述部分回流操作的步骤。

四、计算题

常压下用连续精馏分离组成为 0.44 的某混合液。假设该物系为理想溶液，相对挥发度为 2.8，泡点进料，进料流量为 100kmol/h，塔顶设全凝器，选用回流比为 3，要求馏出液组成为 0.91，釜残液组成不高于 0.06（均为摩尔分数）。用逐板计算法求其理论板数。

学习任务二　精馏装置稳定运行

任务描述

　　通过前期学习，精馏装置已经成功全回流开车并进行了部分回流操作，实现产品采出。为了能使装置稳定生产，采出塔顶产品和塔釜产品，小刘需要对精馏操作的主要影响因素（如进料状况、回流比、温度、压力等）进行学习，以便可以在装置运行过程中控制不同参数来维护装置的稳定运行，为保证产品的稳定采出奠定扎实的基础。

学习目标

知识目标

1. 能陈述塔板上的汽液接触状态。

2. 能陈述进料状况、回流比、温度、压力等因素对精馏操作的影响。

3. 能陈述精馏装置稳定运行的操作要点。

技能目标

1. 能科学制订维护精馏装置稳定运行的工作计划。

2. 能结合实际分析精馏操作的影响因素并进行调节控制，维护装置稳定运行。

素质目标

1. 培养规范撰写工作页的态度。

2. 培养对精馏装置稳定运行过程中的每个指标时刻保持细致观察和记录的工作态度。

知识准备

一、塔板上的汽液接触状况

　　精馏操作中汽液两相在塔板上充分接触才能实现传热传质。你知道汽液接触一般分为哪几种状况吗？

　　精馏过程中各塔板上的汽液接触状态主要有四种：鼓泡接触状态、蜂窝接触状态、泡沫接触状态以及喷射接触状态，如图 3-2-1 所示。

76

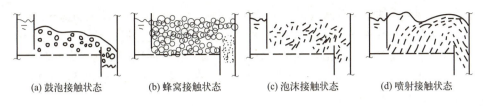

(a) 鼓泡接触状态　　(b) 蜂窝接触状态　　(c) 泡沫接触状态　　(d) 喷射接触状态

图3-2-1 塔板上的汽液接触状态

1. 鼓泡接触状态

当上升蒸汽流量较小时，气体在液层中以鼓泡的形式自由浮升，塔板上有大量的返混液，汽速比较小，汽液相接触面积小。此时，塔板上两相呈鼓泡接触状态。塔板上清液多，气泡数量少，两相的接触面积为气泡表面。因气泡表面的湍动程度不大，所以鼓泡接触状态的传质、传热阻力大。

2. 蜂窝接触状态

随着汽速增加，气泡的形成速度大于气泡浮升速度，上升的气泡在液层中积累，气泡之间接触，形成气泡泡沫混合物。因为汽速不大，气泡的动能还不足以使气泡表面破裂，是一种类似蜂窝状结构。因气泡直径较大，很少搅动，在这种接触状态下，板上清液会基本消失，从而形成以气体为主的汽液混合物，又由于气泡不易破裂，表面得不到更新，所以这种状态对于传质、传热不利。

3. 泡沫接触状态

汽速连续增加，气泡数量急剧增加，气泡间不断发生碰撞和破裂。此时，板上液体大部分均以液膜的形式存在于气泡之间，形成一些直径较小、搅动十分剧烈的动态泡沫，两板间传质面为面积很大的液膜，而且此液膜处在高度湍动和不断更新之中，为两相传质创造了良好的流体力学条件，是一种较好的塔板工作状态。

4. 喷射接触状态

当上升汽速继续增大时，由于气体动能很大，把板上的液体喷成大小不等的液滴而抛向塔板上方空间。被喷射出的直径较大的液滴受重力作用回落至塔板，又在塔板上汇集成很薄的液层并再次被破碎抛出；而直径较小的液滴则被气体带走形成液沫夹带，造成一定程度的液相返混。此种接触状态被称为喷射接触状态。在喷射状态下，由于液滴的外表面为两相传质面积，液滴的多次形成与合并使传质表面不断更新，为两相传质创造了良好的条件，所以也是一种较好的工作状态。

综上所述，泡沫接触状态与喷射接触状态均为优良的工作状态，但喷射状态是塔板操作的极限，液沫夹带较多，所以多数塔操作均控制在泡沫接触状态。

二、精馏操作的影响因素

1. 进料状况对精馏操作的影响

进料状况包括进料的热状况、组成和流量等方面。生产上，进料状况通常由前一工序决定，但进料状况的变化会影响塔内汽液两相流量，进而影响塔的分离效果。

（1）进料热状况对精馏操作的影响　相比较而言，冷液进料由于对塔内上升蒸汽的冷凝效果好,可以使更多的重组分从汽相进入液相,有利于汽相中轻组分浓度的提升,故而分离效果好,完成相同分离任务所需的塔板数少。但是,进料温度愈低,为维持全塔热量平衡,要求塔釜输入更多的热量,势必增大蒸馏釜或再沸器的传热面积,使设备费用增加。因此,工程上通常先对冷液进行预加热,以降低再沸器的负荷,之后再送入精馏塔。从进料对塔内汽液量的影响程度分析,泡点进料最适宜。

温故知新

关于进料热状况,请阅读学习情境三学习任务一相关内容。

另外,进料热状况不同,为保证较好的分离效果,加料位置也应有所不同。若饱和液体进料在塔的中间位置,则冷液的进料位置选择在中间位置偏上,而汽液混合物、饱和蒸汽的进料位置则应选择在中间位置偏下。

(2)进料流量对精馏操作的影响 进料流量发生变化,不仅会使塔内的汽液相负荷发生变化,而且会影响全塔的总物料平衡和易挥发组分的平衡。若进料量大于出料量,会引起淹塔;而当进料量小于出料量时,会引起塔釜蒸干,从而严重破坏塔的正常操作。精馏操作在满足总物料平衡的前提下,还应同时满足各个组分的物料平衡。例如,当进料量减少时,如不及时调低塔顶馏出液的采出率,将使塔顶不能获得纯度较高的合格产品。

(3)进料组成对精馏操作的影响 若进料组成发生波动下降,精馏段的负荷增加,在回流比、塔板数不变的情况下,塔顶产品组成 x_D 和塔釜产品组成 x_W 必然下降。为维持塔顶产品组成不变、产量不变,在 Fx_F 减小、过程处于 $Dx_D > (Fx_F - Wx_W)$ 的状态下,塔内轻组分大量排出,重组分逐步累积,塔顶温度迅速上升,则产品质量将很快下降。为此,应及时增加回流比,降低进料位置来维持塔的正常操作。此时,塔顶馏出物减少,釜液排出量增加,全塔温度上升。即进料组成变化时,可采取如下措施:

① 改进料口:组成变重时,进料口往下改;组成变轻时,进料口往上改。

② 改变回流比:组成变重时,加大回流比;组成变轻时,减小回流比。

③ 调节冷凝剂和加热剂的用量:根据组成的变动情况,相应地调节塔顶冷凝器的冷凝剂和塔釜加热剂的用量,维持塔顶和塔底产品质量不变。

2. 回流比对精馏操作的影响

回流比是影响精馏塔分离效果的主要因素,生产中常用改变回流比来调节、控制产品的质量。例如当回流比增大时,精馏段操作线斜率 L/V 变大,该段内传质推动力增加,因此,在一定的精馏段理论板数下 x_D 变大。同时回流比增大,提馏段操作线斜率 L'/V' 变小,该段的传质推动力增加,因此在一定的提馏段理论板数下,x_W 变小。反之,回流比减小时,x_D 减小而 x_W 增大,使分离效果变差。

由于精馏塔分离能力不够引起产品不合格的表现为塔顶温度升高,塔釜温度降低。操作中常采用加大回流比的办法进行调节。

回流比增加,使塔内上升蒸汽量及下降液体量均增加,若塔内汽液负荷超过允许值,则应减少原料液流量。回流比变化时再沸器和冷凝器的传热量也应相应发生变化。

回流比对精馏
操作的影响

3. 温度对精馏操作的影响

精馏是汽液相间的质、热传递过程，与相平衡密切相关，而对于双组分两相体系，操作温度、操作压力与两相组成中只能有两个可以独立变化，因此，当要求获得指定组成的蒸馏产品时，操作温度与操作压力也就确定了。工业精馏常通过控制温度和压力来控制蒸馏过程。

（1）灵敏板的作用　在总压一定的条件下，精馏塔内各块板上的物料组成与温度一一对应。当板上的物料组成发生变化时，其温度也就随之发生变化。当精馏过程受到外界干扰（或承受调节作用）时，塔内不同塔板处的物料组成将发生变化，其相应的温度亦将改变。其中，塔内某些塔板处的温度对外界干扰的反应特别明显，即当操作条件发生变化时，这些塔板上的温度将发生显著变化，这种塔板称为灵敏板，一般取温度变化最大的那块板为灵敏板。

精馏生产中由于物料不平衡或是塔的分离能力不够等造成的产品不合格现象，都可及早通过灵敏板温度变化情况得到预测，从而及早发出信号，使调节系统能及时加以调节，以保证精馏产品的合格。

（2）精馏塔的温控方法　精馏塔通过灵敏板进行温度控制的方法大致有以下几种：

① 精馏段温控。灵敏板取在精馏段的某层塔板处，称为精馏段温控，适用于对塔顶产品质量要求高或是汽相进料的场合。调节手段是根据灵敏板温度，适当调节回流比。例如，灵敏板温度升高时，则反映为塔顶产品组成 x_D 下降，故此时发出信号适当增大回流比，使 x_D 上升至合格值时，灵敏板温度降至规定值。

② 提馏段温控。灵敏板取在提馏段的某层塔板处，称为提馏段温控，适用于对塔底产品要求高或是液相进料的场合。其采用的调节手段是根据灵敏板温度，适当调节再沸器加热量。例如，当灵敏板温度下降时，则反映为釜底液相组成 x_W 变大，釜底产品不合格，故发出信号适当增大再沸器的加热量，使釜温上升，以便保持 x_W 的规定值。

③ 温差控制。当原料液中各组成的沸点相近，而对产品的纯度要求又较高时，不宜采用一般的温控方法，而是采用温差控制方法。温差控制是根据两板的温度变化总是比单一板上的温度变化范围要相对大得多的原理来设计的，采用此法易于保证产品纯度，有利于仪表的选择和使用。

4. 压力对精馏操作的影响

压力也是影响精馏操作的重要因素。精馏塔的操作压力是由设计者根据工艺要求、经济效益等综合论证后确定的，生产运行中不能随意变动。若塔压发生变化，将使全塔气液平衡重新构建，将改变温度与组成之间的对应关系。

压力升高，各组分的挥发能力减小，组分间的相对挥发度也减小，分离较为困难。同时，压力升高后由于汽化困难，轻组分在汽液两相中的浓度将增加，而且液相量增加，汽相量减少，塔内汽液相负荷产生变化。最终使得塔顶馏出液中的轻组分浓度增加，但产量减少；釜液中轻组分浓度增加，釜液量增加。压力波动严重时会造成塔内物料平衡被破坏，影响塔正常运行。可见，塔的操作压力变化将改变整个塔的操作状况，增加操作的难度和难以预测性。因此，生产运行中应尽量维持操作压力基本恒定。

 小贴士

精馏操作会受到进料情况、回流比大小及精馏操作压力和温度等多种因素的影响。这些因素是互相影响和制约的。比如增加回流比从原理上来说降低了设备费用，但操作费用会增加。再比如进料预热温度过低，会增加提馏段负担，使得再沸器能耗增加；而进料温度过高则会造成塔顶产品质量下降。所以，实际生产操作中需要学会辩证考虑问题，根据生产条件合理分析主要矛盾和主要矛盾的主要方面，不断完善工艺方案，优化设计工艺操作流程，提高精馏过程中的能源利用率，最大程度上保证生产产品的产量或质量。

三、精馏塔的产品质量控制和调节

精馏塔的产品质量通常是指馏出液及釜残液的组成达到规定值。生产中某一因素的干扰（如传热量、x_F、q）将影响产品的质量，因此应及时予以调节和控制。

在一定的压强下，混合物的泡点和露点都取决于混合物的组成，因此可以用容易测定的温度来预示塔内组成的变化。通常可用塔顶温度反映馏出液的组成，用塔底温度反映釜残液组成。但高纯度分离时，在塔顶或塔底相当一段高度内，温度变化极小，因此当塔顶或塔底温度发现有可察觉的变化时，产品的组成可能已明显改变，再设法调节就很难了。可见高纯度分离一般不能用测量塔顶温度来控制塔顶组成。从前面的学习可知，灵敏板上温度变化对于外界因素的干扰反应最为灵敏。因此，生产上常用测量和控制灵敏板的温度来保证产品的质量。

在精馏塔的正常控制中，应严格保持塔顶压力、塔釜温度、进料量和预热温度等参数的稳定，生产中一定要做到稳定均衡，避免大起大落的现象发生，塔内出现不平衡时调整幅度不要过大。

生产上，精馏操作主要通过压力、温度、塔釜液位和回流比的控制来实现稳定运行。

1. 塔压的控制与调节

精馏操作时，影响塔压的主要因素有：冷凝器中冷却剂的温度和流量大小，塔顶采出量及不凝气体的集聚等。

冷却剂温度降低或流量过大会造成塔顶压力降低。如果加料量、釜温、冷凝器冷量都无变化，而发生塔压升高的现象，则通常是因为采出量太少；若塔压降低则为采出量过大所致。

塔压的调节方法因塔而异。加压精馏塔塔顶若是分凝器，一般靠调整汽相采出量来调节压力；若是全凝器，则通常调节冷剂量来调节塔顶压力。

常压精馏塔，则可以采用塔顶冷凝液贮罐上的放空阀来调节塔压，通常不必过多地调节，但要注意观察压力参数有无大的波动，若波动的范围超出要求，可采取加压塔的调节方法来控制压力。

而对于减压精馏塔，如果用真空泵抽真空，则可以通过调节真空调节阀的开度大小来控制塔压。

2. 塔温的控制与调节

要保持精馏塔的平稳操作，对物料进料温度，塔顶、塔釜及回流液温度都应严加控制。进料温度变化时，有可能改变进料状态，破坏全塔的热平衡，使塔内汽液分布及热负荷发生改变，从而影响塔的平稳操作和产品质量。如进料温度不变，回流量、回流温度、各处馏出物数量的变化也会破坏塔内热平衡，引起各处温度条件的变化。

通常，塔釜温度出现异常，一般要调节塔底再沸器的加热蒸汽量；塔顶温度出现异常，一般要调节回流温度（冷却剂的用量和温度）、塔顶压力，要注意尽量不以回流比来调节塔顶温度，因为如果调整回流比尤其是调整入塔的回流量，势必破坏塔内汽液负荷的均衡。

3. 塔釜液面的控制与调节

保持精馏装置的物料平衡是精馏塔稳态操作的必要条件，通常由塔底液位来控制或调节。精馏操作时，只有塔釜液面稳定，才能保持全塔物料的平衡以及塔内温度、压力的稳定，因此塔釜液面必须稳定在规定的高度，不能上下大幅度波动，主要靠釜液的排出量来调节，当精馏塔处理量较小时，也可间歇排液。当然，釜液采出量不能超出允许的采出量。当塔底液面过高时，应增加塔底排出量，降低操作压力或减少进料量。当塔底液面过低时，应降低塔底温度，减少塔底排出量。

4. 回流比的控制与调节

精馏塔设计时确定了适宜的回流比范围，操作时要将回流比控制在规定的范围内，保持稳定。随着塔内温度等条件变化，适当改变回流量可维持塔顶温度平衡，从而调节产品质量。只有当塔内正常生产条件受到影响（如产品质量严重不合格时）必须用回流比调节时，才能适当调整回流比。

回流比的调节方法，一是增减冷凝器中冷剂的量，增减时要注意不要影响塔压变化和全塔的平衡；二是调节回流量和塔顶采出量。

5. 选定适宜的蒸汽量和蒸汽速度

在稳定操作时，上升蒸汽量及蒸汽速度是一定的。如果蒸汽速度过低，上升蒸汽不能均衡地通过塔板，会使塔板效率降低。若蒸汽速度过高，会产生雾沫夹带现象，同样会降低塔板效率。

 任务实施

一、安全提示

（1）个人防护用品需检查后进行穿戴，如安全帽、护目镜、手套等。

（2）工器具使用前需检查其有效期、是否能正常工作等，切忌蛮力操作。

（3）在精馏装置上操作时注意防止磕碰。

（4）操作电气设备时，注意绝缘防护，避免接触带电部位。

（5）现场地面液体及时清理，防止滑倒。

二、工具准备

取样分析所用工具见表3-2-1。

表3-2-1 取样分析工具

序号	名称	规格	单位	数量
1	量筒	250mL	个	1
2	量筒	500mL	个	1

续表

序号	名称	规格	单位	数量
3	烧杯	300mL	个	3
4	酒精计	含 0 ~ 100 各不同量程	套	1
5	废液桶	10L	个	1
6	计算器	常规	个	1

三、工作步骤

工作步骤见表 3-2-2。

精馏装置部分回流调节至稳定

表 3-2-2　工作步骤

序号	工作步骤
1	实时观察进料状况、温度、压力、流量、液位等参数，规范操作并及时调整加热温度、进料量、冷却水流量及回流比，维护精馏操作稳定运行
2	采样分析馏出液和残液组成
3	操作过程及时正确记录数据，填写工作页

巩固练习

一、判断题

1. 精馏操作时，增大回流比，其他操作条件不变，则精馏段的液气比和馏出液的组成均不变。（　　）

2. 精馏时塔顶温度高，可减小回流量加以调节。（　　）

3. 降低精馏塔的操作压力，可以降低操作温度，改善分离效果。（　　）

二、单选题

1. 在精馏塔中，当塔板数及其他工艺条件一定时，增大回流比，将使产品质量（　　）。
   A. 变化无规　　　B. 维持不变　　　C. 降低　　　　　D. 提高

2. 下列操作中，（　　）会造成精馏塔塔底轻组分含量大。
   A. 塔顶回流量小　B. 塔釜蒸汽量大　C. 回流量大　　　D. 进料温度高

3. 精馏塔在全回流操作下（　　）。
   A. 塔顶产品量为零，塔底必须取出产品
   B. 塔顶、塔底产品量为零，必须不断加料
   C. 塔顶、塔底产品量及进料量均为零
   D. 进料量与塔底产品量均为零，但必须从塔顶取出产品

三、简答题

简述影响精馏操作的主要因素。

学习任务三 精馏装置异常现象及处理

任务描述

　　在化工装置生产中，精馏塔是最常见、典型的分离设备，小刘通过前期学习，对精馏相关知识有了深入了解，掌握了工艺流程和工艺指标，在现场熟悉了精馏装置的主要设备、仪表等，学习了精馏装置的开、停车操作，完成了全回流和部分回流操作，学习了如何控制精馏塔稳定运行，但是在任务过程中，由于仪表和设备故障以及物料本身变化，精馏装置可能会出现异常现象，如：塔压差升高、液泛、漏液、塔压力偏高、塔釜温度不稳定等，小刘需要对装置异常现象进行分析、判断和处理。

学习目标

知识目标

1. 能陈述精馏操作中常见的装置异常现象。

2. 能陈述精馏操作中常见的装置异常现象的判断、分析和处理方法。

技能目标

1. 能陈述精馏装置安全操作规程。

2. 能正确判断装置运行状态；能及时发现、报告装置异常现象与事故；能分析异常现象产生的原因，并及时采取措施，恢复正常运行或进行紧急停车。

素养目标

1. 树立安全使用和维护化工设备的意识。

2. 养成良好的职业道德和团队合作精神以及安全严谨的职业素养。

 知识准备

一、认识精馏装置异常现象和精馏塔故障

　　精馏塔操作过程中，表现出了故障趋势，或者有微小的异常变化但精馏塔未发生故障，称为精馏塔异常现象（或称异常工况），该情况下可以通过调整操作条件，消除故障趋势使精馏塔继续在正常工况下运行。

　　精馏塔异常现象判断的首要任务是确定异常现象的起因。精馏塔的异常现象判断和处理常常是十分紧迫的任务，如果不对异常现象进行处理，可能发生不可逆的精馏塔故障，一旦发生故障，无法通过调整操作条件恢复到正常工况，继续操作将对设备及工作人员造成重大损害，因此采用正确的处理方法和科学步骤是十分重要的。

二、异常现象判断步骤

（1）根据现在异常操作的现场工艺数据，对比稳态操作数据发现异常，或从产品结果分析发现异常。

（2）问题的评估，主要是评估问题的严重性、危险性。

（3）收集现场数据，包括历史正常操作和现在异常操作的现场工艺数据记录。具体包括以下内容：

① 实际的物料和热量平衡数据；

② 实际塔压力降、温度、组成分布；

③ 异常过渡状态和开车过程记录。

（4）资料的排查与分析，主要包括：

① 检查工艺设计并对比实际情况，检查包括以下几项：设计条件与操作工况对比；热力学（VLE 数据检查）；物性数据；理论板计算、最小回流比和再沸器汽化量；实际情况与设计工况下，有关塔与塔附属设备的热量和物料平衡。

② 检查设备设计并对比实际工况，检查包括以下几项：能力估算；压力降估算；效率估算；各塔内件的水力学估算分布效果；内件结构布置；换热器；泵。

③ 检查仪表和控制方案设计及运行，检查包括以下几项：原始控制方案；所有控制系统对某个改变产生正确的响应；进出塔的物流参数测量仪表读数的准确。

④ 检查机械完整性，主要检查塔内件（塔盘、填料、分布器、集液器等）是否有损坏。

（5）合理科学地判断及处理

这是异常现象判断的目标。做出的判断通常不是单一的，而是多元的，不仅要对显而易见的原因进行判断，还要对任何可能引发的原因进行判断。

解决方案通常也是多元的：紧急方案、临时方案及永久性的方案。

三、板式塔的常见异常现象与处理方法

板式塔的常见异常现象与处理方法见表 3-3-1。

表 3-3-1　板式塔的常见异常现象与处理方法

异常现象	原因	处理方法
塔压差升高	①负荷升高 ②液泛引起 ③堵塞造成汽液流动不畅	①减小进料量，降低负荷 ②按液泛处理方法处理 ③检查疏通
液泛 (整个塔内都充满液体)	①对一定的液体流量，汽速过大 ②对一定的气体流量，液量过大 ③加热过于猛烈，汽相负荷过高 ④降液管局部被垢物堵塞，液体下流不畅	①汽速应控制在泛点汽速之下 ②减小液相负荷 ③调整加热强度，加大采出量 ④减负荷运行或停车检修
漏液 (板上液体经升气孔道流下)	①汽速太小 ②板面上液面落差引起气流分布不均匀	①控制汽速在漏液量达液体流量的 10% 以上的汽速 ②在液层较厚，易出现漏液的塔板液体入口处，留出一条不开孔的区域(安定区)

84

续表

异常现象	原因	处理方法
塔压力偏高	①加热过猛 ②冷却剂中断 ③压力表失灵 ④调节阀堵塞或调节阀开度漂移 ⑤排气管冻堵	①加大排气量，减少加热剂量 ②加大排气量，加大冷却剂量 ③更换压力表 ④加大排气量，调整阀门 ⑤检查疏通管路
加热强度不够	①蒸汽加热时压力低，冷凝水及不凝气排出不畅 ②液体介质加热时管路堵塞，温差不够	①提高蒸汽压力，及时排出冷凝水和不凝气，或者更换疏水器 ②检修管路，提高液体介质温度
泵不上量	①过滤器堵塞 ②液面太低 ③出口阀开得过小 ④轻组分浓度过高	①检修过滤器 ②累积液相至合适液位 ③增大阀门开度 ④调整汽液相负荷

子任务一　塔压差升高

任务描述

　　在化工装置生产运行过程中，精馏塔可能会出现塔压差升高的异常现象，小刘需要对装置异常现象——塔压差升高进行判断、分析和处理。

学习目标

知识目标

1. 能陈述精馏操作中塔压差升高的异常现象。

2. 能陈述精馏装置塔压差升高的判断、分析和处理方法。

技能目标

1. 能陈述精馏装置安全操作规程。

2. 正确判断装置运行状态；能及时发现、报告装置塔压差升高的异常现象；能分析装置塔压差升高产生的原因，并及时采取措施，恢复正常运行。

素质目标

1. 树立安全生产意识及 QHSE（质量、健康、安全、环保）意识。

2. 具备信息归纳分析的能力。

3. 在对装置塔压差升高进行处理的过程中，培养职业道德和团队合作精神。

知识准备

　　在化工生产的精馏操作中，精馏塔的长期稳定运行对一个工厂的效益至关重要，而精馏塔压差的平稳操作对精馏塔的稳定运行有着非常重要的影响。塔压差是衡量塔内气体负荷大小的主要因素，也是判断精馏操作进料、出料是否均衡的重要标志之一。

一、塔压差的概念

　　塔压差（即塔的压力降）可以看成是一种塔的阻力，压差的大小可以看成是一个塔中产生的阻力有多少。塔釜与塔顶的压力差是全塔每块塔板压力降的总和。

　　塔顶到塔底的最后一块塔板之间有一个测量仪表，用于测量塔压差，平时所说的精馏塔的塔压差，通常指塔釜和塔顶的压力差。

　　对板式塔来说，塔板压降主要是由三部分组成的，即干板压力降、液层压力降和克服液体表面张力的压力降。所谓干板压力降，就是精馏塔内上升的气体（或蒸汽）通过没有液体存在的塔板时，所产生的压力降；当气体穿过每层塔板上的液体层时产生的压力降，叫作液层压力降；气体克服液体表面张力所产生的压力降，叫液体表面张力压力降。在操作中，精馏塔压力降主要是汽相克服板上液层产生的压力降，即液层压力降。

二、精馏塔压差的影响因素

在进料、出料保持平衡，回流比不变的情况下，塔压差基本上是不变的。当正常的物料平衡遭到破坏，或塔内温度、压力改变时，都会造成塔内上升蒸汽流速的改变、塔板液封高度的改变，进而引起塔压差的变化。

影响精馏塔压力差的因素是多方面的（图3-3-1），总的来说，一个是塔自身的固有压力差，这个压差在塔设计好后就已经被决定了；另一个是生产操作时，汽液分离时形成的压力差，主要是上升的蒸汽量（汽速）或（和）下降的液相量（液层厚度）的变化引起的，这两个量是影响塔压差的主要因素，而对这两个因素有影响的则有进料量、回流量、塔底再沸器温度或进料温度等；其他如原料组分变化、环境温度变化、回流温度变化、冷却水量、冷却水压力等的变化以及仪表故障、设备和管道的冻堵等，也都可以引起塔压差的变化。

对于固定的塔来说，在正常操作中，塔压力降主要随上升气体的流速大小而变化，有经验表明，塔压力降与气体流速的平方成正比。塔压差的影响因素是多种多样的，分析压差变化的原因时应具体情况具体分析，找出了变化的原因后再施以相应的调整措施以将压差控制好。

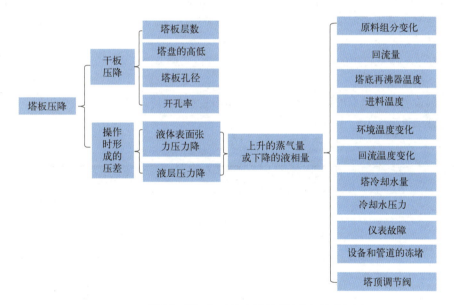

图3-3-1　塔板压降以及影响精馏塔压力差的因素

三、塔压差对精馏塔操作的影响

在化工操作中，塔压差的高低对精馏塔的操作主要有两个很常见的影响，即液泛和漏液，见图3-3-2。对已设计好的精馏塔来说，塔压差（压降）大，汽液混合比较好，但容易造成液泛，加大了塔的能量消耗。塔压差（压降）小，汽液混合不好，容易造成漏液，达不到分离效果。

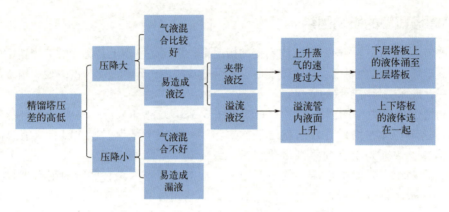

图3-3-2　塔压差对精馏塔操作的影响

四、调节塔压差常用的方法

（1）在进料量不变的情况下，用塔顶的液相采出量来调节塔压差。产品采出多，则塔内上升蒸汽的流速减小，塔压差下降；采出量减少，塔内上升蒸汽的流速增大，塔压差上升。

（2）在采出量不变的情况下，用进料量来调节塔压差。进料量加大，塔压差上升；进料量减小，塔压差下降。

（3）在工艺指标许可的范围内，通过釜温的变化来调节塔压差。提高釜温，塔压差上升；降低釜温，塔压差下降。

对于因设备问题造成的压差变化，应具体问题具体对待，严重时应停车检修。塔压差升高的处理方法见表3-3-2。

表 3-3-2　塔压差升高的处理方法

装置异常现象	原因	处理方法
塔压差升高	负荷升高	减少进料量，降低负荷
	液泛引起	按液泛处理方法处理（见本任务的子任务二）
	堵塞造成汽液流动不畅	检查疏通
	塔釜温度过高	降低塔釜温度

巩固练习

选择题

1. 精馏塔压差高的原因有（　　　）。
   A. 回流量大 　　　　　　　　　　　B. 加热量大
   C. 塔顶采出量太小 　　　　　　　　D. 塔釜采出量过小
2. 精馏塔压差高的处理方法正确的是（　　　）。
   A. 判断如冻塔，则注甲醇解冻 　　　B. 负荷过高，则适当降负荷
   C. 保证产品质量同时，增大塔采出量　D. 适当降加热量

3. 关于精馏塔压差高的原因，下列叙述正确的是（   ）。

    A. 负荷变小   B. 塔顶采出量大

    C. 塔加热量小   D. 塔釜采出量小

4. 乙烯精馏塔压差高的处理方法不正确的是（   ）。

    A. 适当增大采出量   B. 适当提高塔釜液面

    C. 在保证产品质量的同时，适当减小回流量   D. 适当降低加热量

5. 精馏塔发生淹塔时，塔的压降（   ）。

    A. 保持不变   B. 急剧减小   C. 急剧增大   D. 剧烈波动

子任务二　液泛

任务描述

　　在化工装置生产运行过程中，精馏塔可能会出现液泛的异常现象，小刘需要对装置异常现象——液泛进行判断、分析和处理。

学习目标

知识目标

1.能陈述精馏操作中液泛的异常现象。

2.能陈述精馏装置液泛的判断、分析和处理方法。

技能目标

1.能陈述精馏装置安全操作规程。

2.正确判断装置运行状态；能及时发现、报告装置液泛的异常现象；能分析装置液泛产生的原因并及时采取措施，恢复正常运行。

素质目标

1.树立安全生产意识及 QHSE 意识。

2.具备信息归纳分析的能力。

3.在对装置液泛进行处理的过程中，培养职业道德和团队合作精神。

 知识准备

　　在精馏操作中，汽液两相在塔内总体上呈逆向流动，并在塔板上维持适宜的液层高度，汽液两相在相适宜的接触状态下，进行接触传质。但在操作中常常会遇到装置异常现象——液泛，液泛会降低传质分离效率，影响产品质量，严重时会损害设备。

一、液泛的概念

　　气体从下往上流动，如果由于某种原因，使得气液两相流动不畅，液体越积越多，塔内液体过量地积聚，下层塔板上的液体涌至上层塔板，以致最后充满整个空间，从塔顶溢出，称为液泛，也叫淹塔。

　　设备内刚好发生液泛的两相流速称为泛点速度。泛点速度是设备通过能力的上限。正常操作汽速应控制在泛点汽速之下。

二、液泛的特征

　　液泛开始时，塔的压差和液位会出现波动：塔压差急剧上升时塔底液位下降，塔压差突然下降时，塔底液位会猛增，同时塔的压力会出现波动；塔效率急剧下降，产品纯度下降。

三、液泛产生的原因

汽液两相之一的流量增大到某个限度，使液体无法从塔顶向塔底流动，都能造成液泛。即：当液体流量一定时，汽相量过大会形成液泛；相反，汽相量一定时，液体下降流量过大也会产生液泛。

常见的液泛大多是操作方面的问题引起的，例如气量增加过大或由于操作过快，阀门开得过大、过快，使气量骤然增加过多，引起筛孔汽速突然提高，使塔板阻力增加过大。除汽液流量外，影响液泛的因素还有设计、制造、安装、周期及操作等多方面，例如塔板间距过小、塔板变形，塔板不水平，挡液板倾斜，溢流斗液封处变窄等也会导致液泛。

四、液泛的类别

1. 雾沫夹带液泛

雾沫夹带（也叫液沫夹带），是指板式精馏塔操作中，塔内液体的一种轴向返混，上升蒸汽从某一层塔板夹带雾沫状液滴到上一层塔板的现象。雾沫夹带会将不应该上到塔顶的重组分带到产品中（即返混）从而降低产品的质量，同时会降低传质过程中的浓度差，使塔板效率降低。

少量雾沫夹带不可避免，只有过量的雾沫夹带才能造成液泛，引起严重后果。过多的雾沫夹带量将导致塔板效率严重下降，为了保证板式塔能维持正常的操作，对给定的塔来说，最大允许的雾沫夹带量就限定了气体的上升速度。应控制雾沫夹带量不超过 0.1kg 液体 /kg 干气体。雾沫夹带由以下两种原因引起（图 3-3-3）：

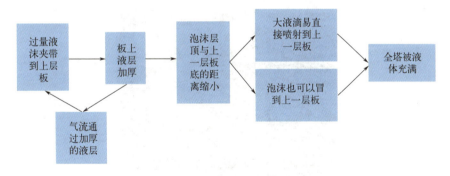

图3-3-3　雾沫夹带液泛产生机理

① 汽相在液层中鼓泡，气泡破裂，将雾沫弹溅至上一层塔板，这种液泛一般只在较小板间距（375～450mm）时发生，因此增加板间距可以减少此类夹带量。

② 随着汽速增大，塔板的阻力随之增大，因为汽相运动呈喷射状，将液体分散并可携带一部分液沫流动，使塔板液流不畅，上层塔板上液层增厚，液层迅速积累至充满整个空间，此时增加板间距也不会奏效，由此原因诱发的液泛称为雾沫夹带液泛（图 3-3-4）。

2. 降液管液泛（也叫降液管溢流液泛）

降液管内的液体流量为其极限通过能力，若液体流量超过此极限值，降液管液面上升，当升至溢流堰板上缘时，塔板开始积液，最终使全塔充满液体，引起降液管溢流液泛（图 3-3-5 和图 3-3-6）。

图3-3-4　雾沫夹带液泛

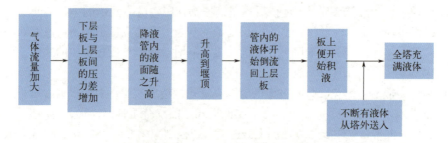

图3-3-5　降液管液泛产生机理

图3-3-6　降液管溢流液泛

五、液泛的判断及处理

测量压降是判断液泛的主要手段。由于液泛造成塔体中积液，压降随之增大，对塔中汽液相负荷的各段分别测量压降能更灵敏地判断液泛的发生和发生部位。液泛的现象及液泛产生的后果见表 3-3-3，常见引起液泛的原因及处理方法见表 3-3-4。

表 3-3-3　液泛的现象及液泛产生的后果

液泛的现象	①塔顶与塔底压差增大；相邻两处或几处压差偏大，波动剧烈； ②板压差急剧上升时，保持塔底出料不变，塔的液位迅速下降，塔压差突然下降时，液位会猛涨； ③塔顶与塔底温差减小，塔顶温度偏高，波动幅度较大； ④塔顶回流罐的液位降低，塔顶产品产量明显降低； ⑤塔顶和塔底的产品质量均不合格
液泛的后果	塔内压差上升，分离效果降低，馏出组分不合格

表 3-3-4　常见引起液泛的原因及处理方法

原因	处理方法
对一定的气体流量，液量过大（进料量太大或回流太大），使降液管内液面上升，以致上下塔板的液体连在一起	减少进料，或加大采出量，降低回流量
对一定的液体流量，塔釜再沸器温度高，进料温度过高，汽速过大，压差过高，溢流液体无法以自身重力通过降液管流动到下一层塔板（或因加热过于猛烈，塔底蒸汽量突然增大，造成汽速增大，引起过量液沫夹带），从而在塔板上形成积液，导致液泛	降低塔釜温度，减少塔底蒸汽量，降低汽速，降低进料流量、温度，使聚集在塔顶或上层的难挥发组分靠自身重力通过降液管流动到塔釜或塔下的正常位置，减少液沫夹带，减少塔板积液
调整塔釜液位时过快或过猛	缓慢调节
塔釜液位过高	降低塔釜液位
降液管局部被垢污堵塞，液体下流不畅	在线冲洗塔板，如果要彻底清除塔板上的堵塞物，就需要打开人孔，对塔板进行人工清洗或化学清洗

在生产过程中，若偶尔液泛，可能是操作问题，但要是经常出现液泛，可能是设计或者原料上的问题，比如塔的处理量小于实际量、原料量提高、原料组分发生变化等。

六、防止出现液泛的措施

（1）控制适当的液气比。
（2）控制适当的负荷。
（3）保证液体干净，不易发泡。
（4）保证塔板清洁无污。

小贴士

对于生产异常情况总的处理原则是，尽可能快地排除生产出现的异常隐患，如果是紧急情况，要有所侧重，果断按事故处理预案进行处理，避免发生重大事故。具体来说，应做到早发现，早处理，争取宝贵时间；同时要遵循"以人为本"的原则，确保人员的安全，做到安全优先、防止事故扩大优先、保护环境优先。处理异常情况时，应保持镇静、动作不乱，迅速查明确认泄漏点、泄漏物质和泄漏情况，及时切断关闭相连设备、管线的阀门，并对系统、设备管道进行泄压、置换等，以控制泄漏源，力争将灾情降到最小范围。

巩固练习

一、填空题

1. 板式塔中塔板上溢流堰的作用主要是保证_____。
2. 精馏塔发生液泛的原因有：_____、_____、_____等。

二、选择题

1. 能引起精馏塔液泛的是（　　）。
   A. 釜温突然上升　　　　　　　B. 釜温突然下降
   C. 进料量减少　　　　　　　　D. 回流量减少

2. 精馏塔产生液泛表示（　　）。
   A. 液体不能沿降液管下流　　　B. 液体不能从筛孔中下流
   C. 气体从降液管中经过　　　　D. 气体不从降液管中经过

3. 导致精馏塔液泛的常见原因有（　　）等。
   A. 塔内堵塞　　　　　　　　　B. 升温过速
   C. 回流量过大　　　　　　　　D. 加热蒸汽量大

4. 精馏塔出现液泛处理方法正确的是（　　）。
   A. 加萃取水　　　　　B. 降低塔釜温度　　　　C. 减少回流

5. 精馏塔出现液泛时错误的处理方法是（　　）。
   A. 降低塔的进料量　　　　　　B. 减少回流量
   C. 降低塔顶温度　　　　　　　D. 增加进料量

6. 液泛能造成精馏塔（　　）上升。
   A. 塔釜液位　　　　　　　　　B. 塔顶压力
   C. 塔釜压力　　　　　　　　　D. 塔压差

7. 精馏塔发生液泛，与下列（　　）无关。
   A. 塔压过高　　　　　　　　　B. 降液管局部被堵塞
   C. 汽液相负荷高，进入液泛区　D. 蒸汽过量

8. 精馏塔液泛应（　　）。
   A. 减少蒸汽量，加大回流量
   B. 减少进料量，增大蒸汽量，加大产品采出量
   C. 减少蒸汽量，加大产品采出量
   D. 减少进料量

9. 下列（　　）不是诱发降液管液泛的原因。
   A. 液、汽负荷过大　　　　　　B. 过量雾沫夹带
   C. 塔板间距过小　　　　　　　D. 过量漏液

10. 可能导致液泛的操作是（　　）。
    A. 液体流量过小　　　　　　　B. 气体流量太小
    C. 过量液沫夹带　　　　　　　D. 严重漏液

11. 下层塔板的液体漫到上层塔板的现象称为（　　　）。

　　A. 液泛　　　　　　B. 漏液　　　　　　C. 载液　　　　　　D. 正常

12. 下列（　　　）不是产生淹塔的原因。

　　A. 上升蒸汽量大　　　　　　　　B. 下降液体量大

　　C. 再沸器加热量大　　　　　　　D. 回流量小

13. 由气体和液体流量过大两种原因共同造成的是（　　　）现象。

　　A. 漏液　　　　　　B. 液沫夹带　　　　C. 气泡夹带　　　　D. 液泛

14. 产生液泛的原因是（　　　）。

　　A. 汽液相中之一的流量增大　　　　B. 塔板间距大

　　C. 液相厚度不均匀　　　　　　　　D. 板面形成液面落差

15. 下面能造成液泛的是（　　　）。

　　A. 再沸器强制循环量不足　　　　　B. 塔压过高

　　C. 回流泵过滤器堵塞　　　　　　　D. 加热过猛，汽相负荷过高

16. 在蒸馏生产中，液泛是容易产生的操作事故，其表现形式是（　　　）。

　　A. 塔压增加　　　B. 温度升高　　　C. 回流比减小　　　D. 温度降低

三、简答题

1. 什么叫液泛？如何避免液泛？

2. 液泛是怎样产生的？

3. 精馏塔液泛的处理措施有哪些？

4. 精馏塔液泛的特征是什么？

子任务三 　漏液

任务描述

在化工装置生产运行过程中，精馏塔可能会出现漏液，小刘需要对装置异常现象——漏液进行判断、分析和处理。

学习目标

知识目标

1. 能陈述精馏操作中漏液的异常现象。
2. 能陈述精馏装置漏液的判断、分析和处理方法。

技能目标

1. 能陈述精馏装置安全操作规程。
2. 正确判断装置运行状态；能及时发现、报告装置漏液的异常现象；能分析装置漏液产生的原因，并及时采取措施，恢复正常运行。

素质目标

1. 树立安全生产意识及 QHSE 意识。
2. 具备信息归纳分析的能力。
3. 在对装置漏液进行处理的过程中，培养职业道德和团队合作精神。

 知识准备

图3-3-7　漏液

一、漏液的概念

在正常操作的塔板上，液体横向流过塔板，然后经降液管流下。

当上升蒸汽速度过低时，气体通过筛孔的速度较小，上升气体所具有的能量不足以穿过塔板上的液层，甚至低于液层所具有的位能，上升蒸汽不能托起上层的液体，不足以阻止板上液体的流下，塔板上液体直接通过塔板从孔口落下，漏到下层塔板，而不是通过溢流堰，这种现象称为漏液，如图 3-3-7 所示。有时候筛孔被腐蚀变大等因素，也会造成液相直接从塔板漏下。

正常操作时，控制漏液量不超过液体流量的 10%。漏液量为 10% 的气体速度称为最小汽相速度限，也称为漏液限。精馏塔上升蒸汽速度的下限，也就是板式塔操作汽速的下限。

二、产生漏液的主要原因

（1）汽速太小，引起气流分布不均匀。

（2）板面上液面落差，引起气流分布不均匀。

（3）塔板的结构因素，如在塔板液体入口处，液层较厚，往往出现漏液。

（4）塔板出现故障，比如浮阀塔的浮阀脱落，筛板的筛孔被腐蚀变大等。

三、漏液的后果

漏液导致气液两相在塔板上的接触时间减少，不应留在液体中的低沸点组分没有蒸出去，导致塔板效率急剧下降，分离效果变差，可能造成塔顶采出和塔釜采出（尤其是塔釜）产品不合格。

四、避免漏液的技术措施

（1）避免汽速过小　操作过程中需要控制好汽液相负荷，使气速不能低于塔板的最低汽相负荷。塔内的两相负荷量可以通过调节进料量、进料热状况、塔釜加热负荷与塔顶的冷却水量等方法来控制。

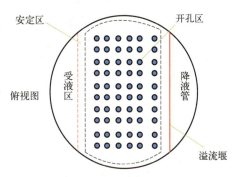

图3-3-8　塔板区域分布

（2）使气体分布均匀，使每个筛孔都有气体通过　为使气体分布均匀，筛板结构应设计合理。为避免在液体入口处液体量陡然增大，使液面落差太大，导致气体在塔板上分布不均，在塔板液体入口处留出一条不开孔的区域，称为安定区（图3-3-8）。

巩固练习

一、选择题

1. 精馏塔发生漏液的主要原因是（　　）。
   　A. 汽速过大　　　　　　　　　　B. 汽速过小
   　C. 板面上的液面落差引起气流分布均匀　D. 塔径过大
2. 精馏时出现漏液时，应该（　　）。
   　A. 减小汽相负荷　　　　　　　　B. 加大汽相负荷
   　C. 减小液相负荷　　　　　　　　D. 加大液相负荷
3. 精馏时出现漏液时，如果是液相负荷过小，应该（　　）。
   　A. 减小回流比　　　　　　　　　B. 加大回流比
   　C. 升高精馏温度　　　　　　　　D. 降低精馏温度
4. 精馏塔操作中出现液漏现象，应采取的操作有（　　）。
   　A. 增大回流比　　　　　　　　　B. 减小回流比
   　C. 增大塔底热负荷　　　　　　　D. 减小塔底热负荷
5. 精馏塔的10%漏液量是塔正常操作的（　　）汽速。

A. 上限 B. 下限 C. 正常 D. 中间

6. 精馏时出现漏液时，如果是汽相负荷过小，应该（　　）。

A. 减小回流比 B. 加大回流比

C. 升高精馏温度 D. 降低精馏温度

7. 下列关于造成精馏塔漏液的原因的说法，正确的是（　　）。

A. 操作负荷过低 B. 蒸汽加入量过大

C. 塔液位低 D. 采出量大

8. 精馏操作中，若一块设计合格的塔板出现了严重漏液现象，应（　　）。

A. 提高操作压力 B. 提高进料量

C. 提高汽相负荷 D. 降低进料量

9. 发生漏液的区域为（　　）。

A. 塔板中央 B. 降液管

C. 塔板液体入口 D. 塔板紧固点附近

10. 造成漏液的主要原因是（　　）。

A. 塔压降大 B. 液体量大 C. 汽速高 D. 汽速低

11. 漏液对塔操作的影响表现在（　　）。

A. 塔压降大 B. 增大汽液两相传质面积

C. 塔板效率下降 D. 塔板效率提高

二、 简答题

1. 什么是漏液？
2. 精馏塔漏液的原因有哪些？

子任务四　塔压力偏高

　　在化工装置生产运行过程中，精馏塔可能会出现塔压力偏高的情况，小刘需要对装置异常现象——塔压力偏高进行判断、分析和处理。

学习目标

知识目标

1. 能陈述精馏操作中塔压力偏高的异常现象。

2. 能陈述精馏装置塔压力偏高的判断、分析和处理方法。

技能目标

1. 能陈述精馏装置安全操作规程。

2. 正确判断装置运行状态；能及时发现、报告装置塔压力偏高的异常现象；能分析装置塔压力偏高产生的原因，并及时采取措施，恢复正常运行。

素质目标

1. 树立安全生产意识及 QHSE 意识。

2. 具备信息归纳分析的能力。

3. 在对装置塔压力偏高进行处理的过程中，培养职业道德和团队合作精神。

 知识准备

　　精馏塔是利用控制温度和控制压力来控制整个精馏过程的，塔的压力是精馏塔的主要控制指标之一。塔压波动太大，会破坏全塔的物料平衡和汽液平衡，使产品质量不合格。任何精馏塔的操作，都应把塔压控制在规定的指标内。

一、塔压力的概念

　　按容器操作压力的定义：正常工况下，容器顶部可能达到的最高压力。精馏塔的塔压力一般指的是塔顶的操作压力。

二、影响塔压力变化的因素

　　影响塔压力变化的因素有：①塔顶温度；②塔釜温度；③进料组成；④进料量；⑤回流量；⑥冷剂量及冷剂压力。另外，仪表故障、设备和管道的冻堵也可引起塔压的变化。在生产过程中塔压力偏高时，首先要判断引起塔压力偏高的原因，而不是简单地调节塔压恢复正常。要从根本上消除变化的因素，才能不破坏塔的操作。

三、塔压力与其他参数的关系

（1）压力与沸点的关系 液体的沸点与外界施加于液体表面的压力有关，随着外界施加于液体表面的压力的降低，液体沸点下降。

（2）压力与泡点温度的关系 在一定的系统压力下，将溶液加热至刚刚开始出现第一个气泡保持平衡时的温度叫液体溶液的泡点。液体的泡点温度随压力的上升而上升。对于二元理想溶液，若轻组分含量越高，则泡点温度越低；若重组分含量越高，则泡点温度越高。

（3）塔压力与轻组分含量的关系 塔的压力由塔体汽相物质决定，当轻组分含量增加时，汽化量增大，塔压升高。

（4）塔压力与轻重组分间相对挥发度的关系 塔压升高，轻重组分间相对挥发度减少，轻组分不易蒸出，分离效率降低。塔压降低，轻重组分间相对挥发度提高，轻组分易蒸出，分离效率好。

（5）塔压力与塔的处理能力的关系 塔压升高，组分的重度增加，塔的处理能力增加，也即提高了生产能力。

四、塔压力变化对塔的操作产生的影响

结合上述，塔压力变化对塔的操作产生的影响见表 3-3-5。

表 3-3-5　塔压力变化对塔的操作产生的影响

	沸点	上升蒸气量	釜液量	组分间相对挥发度	塔顶	泡点温度	釜温
塔压突然升高	升高	下降	增加	相对挥发度减小；表现为：塔釜轻组分不易蒸出，釜液量增加，分离效率低	分离效率低，故塔顶汽相产品浓度增加，但产量减少	釜液泡点先升高，随后因轻组分含量的增加，泡点温度又降低	泡点温度先升高后降低。故釜温也是先升高后下降
塔压突然降低	降低	上升	减少	相对挥发度升高；表现为：塔釜轻组分易蒸出，釜液量减少，分离效率高	分离效率高，但重组分可能被带至塔顶。故塔顶汽相产品浓度降低，但产量增加	釜液泡点先降低，随后因轻组分含量的减少，泡点温度又升高	泡点温度先降低后升高，故釜温也是先降低后升高

由此可见，操作中只有首先把塔压控制在要求的指标上，才能确切地知道釜温是否符合工艺要求，否则会出现错误的操作。

五、塔压力偏高的后果

（1）塔压力偏高，会使沸点升高，汽化变得困难，上升蒸汽量下降，釜液量增加，使得整个塔内的液体和气体的分布发生改变，破坏塔的正常操作。

（2）塔压力偏高，会使混合物组分间相对挥发度减小，塔釜轻组分不易蒸出，釜液量增加，分离效率低，塔顶气相产品浓度增加（产品偏轻），产量减少。

（3）对于容易聚合和不耐高温的材料，提高压力就是相应提高精馏操作温度，易造成物质聚合或分解，堵塞加热釜。

（4）塔压力增加的同时还会使得组分密度提高，处理能力也要加强。

（5）塔压力超高还会造成塔的安全阀起跳，威胁装置的安全生产。

六、塔压力偏高的常见原因及处理办法

塔压力偏高的常见原因及处理办法见表3-3-6。

表 3-3-6　塔压力偏高的常见原因及处理办法

异常现象	原因	处理办法
塔压力偏高	塔顶温度高： 1. 如果使用冷剂，冷剂的温度高或循环量小（或中断）； 2. 如果是空冷，就可能是风机皮带掉或风机跳闸； 3. 如果是水冷，那可能是冷却水量不够	降低塔顶温度： 1. 与供冷单位联系； 2. 切换风机、找钳工，找专业人员进行电气处理； 3. 加大冷却水量
	塔釜温度突然上升	调节加热蒸汽
	压力表失灵	更换压力表
	调节阀堵塞或调节阀开度漂移	调整阀门，加大排气量
	排气管冻堵	检查疏通管路
	塔内有不凝气	从冷凝器、回流罐排气
	压控阀失灵或开度太小	开副线生产，找仪表检修
	回流中断	检查回流罐液面、回流泵运转情况、回流控制系统，采取相应的措施
	采出量太小，回流罐满造成憋压	加大采出量，可适当加大回流，降低釜温
	采出管线堵塞	检查疏通管线
	进料中轻组分含量增加	抽出塔顶轻组分
	总进料量加大	增加塔顶塔底抽出

巩固练习

一、填空题

当增大操作压强时，精馏过程中物系的相对挥发度_____，塔顶温度_____，塔釜温度_____，对分离过程不利。

二、选择题

1. 精馏塔釜压升高将导致塔釜温度（　　　）。
    A. 不变　　　　　　B. 下降　　　　　　C. 升高　　　　　　D. 无法确定

2. 精馏塔压差高的原因有（　　　）。（多选）
    A. 回流量大　　　　　　　　　　B. 加热量大
    C. 塔顶采出量太小　　　　　　　D. 塔釜采出量过小

3. 提高精馏塔的压力，可以提高精馏塔的（　　　）。
    A. 温度　　　　B. 回流量　　　　C. 液位　　　　D. 采出量

4. 精馏塔塔底操作压力是塔顶压力加上（　　　）。
    A. 精馏段压力降　　　　　　　　B. 底物料在塔底温度下饱和蒸气压
    C. 全塔压力降　　　　　　　　　D. 提馏段压力降

5. 降低精馏塔的操作压力，可以（　　　）。
    A. 降低操作温度，改善传热效果　　B. 降低操作温度，改善分离效果
    C. 提高生产能力，降低分离效果　　D. 降低生产能力，降低传热效果

6. 精馏塔的操作压力增大，则（　　　）。
    A. 汽相增加
    B. 液相和汽相中易挥发组分的浓度都增加
    C. 塔的分离效率提高
    D. 塔的处理能力减小

7. 提高精馏塔的操作压力，则（　　　）。
    A. 相对挥发度不变　　　　　　　B. 相对挥发度增大
    C. 相对挥发度减小　　　　　　　D. 处理能力下降

8. 精馏塔的操作压力是由（　　　）决定的。
    A. 进料组成　　　B. 回流罐内物料组成　　　　　C. 回流比

9. 其他条件不变，提高精馏塔塔底温度，精馏塔的操作压力将（　　　）。
    A. 提高　　　B. 降低　　　C. 不变　　　D. 不确定

10. 提高精馏塔的操作压力，精馏塔釜温度将（　　　）。
    A. 上升　　　　　　　　　　　　B. 下降
    C. 不变　　　　　　　　　　　　D. 二者没有关系

11. 提高精馏塔的操作压力，精馏塔顶温度将（　　　）。
    A. 上升　　　　　　　　　　　　B. 下降
    C. 不变　　　　　　　　　　　　D. 二者没有关系

12. 精馏塔在操作中，塔顶压力下降过快，易造成精馏塔（　　　）。
    A. 漏液　　　　　　　　　　　　B. 液泛
    C. 塔釜液位上升　　　　　　　　D. 塔温上升

13. 通过（　　　）的操作，可以降低精馏塔操作压力。（多选）
    A. 提高回流量　　　　　　　　　B. 增加入料量
    C. 降低加热蒸气量　　　　　　　D. 降低采出量

14. 提高精馏塔下塔操作压力，产品纯度（　　　）。
    A. 提高　　　　B. 无变化　　　　C. 下降　　　　D. 不相关

15. 精馏塔的操作压力提高，其分离效果（　　　）。

    A. 不变　　　　　　B. 变差　　　　　　C. 变好　　　　　　D. 无法确定

16. 精馏塔内，沿塔高自上而下压力逐渐（　　　）。

    A. 增大　　　　　　B. 减小　　　　　　C. 增大或减小　　　　D. 无法确定

17. 可以降低精馏塔压力的操作有（　　　）。

    A. 提高回流量　　　　　　　　　　　B. 增加进料量

    C. 降低塔釜温度　　　　　　　　　　D. 降低生产负荷

18. 精馏塔塔顶压力高，可适当（　　　）。

    A. 减少再沸器加热蒸汽量　　　　　　B. 增加再沸器加热蒸汽量

    C. 提高回流量　　　　　　　　　　　D. 增加采出量

19. 降低精馏塔的操作压力，可以使（　　　）。（多选）

    A. 相对挥发度增大　　　　　　　　　B. 分离效果变好

    C. 处理能力提高　　　　　　　　　　D. 处理能力降低

20. 精馏塔压力降低会使系统内（　　　）。

    A. 釜液量相对增加　　　　　　　　　B. 塔顶气量相对增加

    C. 塔顶重组分含量减少　　　　　　　D. 釜液中重组分含量减少

21. 降低精馏塔操作压力时，下列说法错误的是（　　　）。

    A. 塔顶温度下降　　　　　　　　　　B. 灵敏板温度下降

    C. 处理能力增大　　　　　　　　　　D. 轻重组分的相对挥发度增大

三、简答题

1. 精馏塔可在什么压力下操作?

2. 精馏塔操作压力变化对产品有何影响?

子任务五　塔釜温度不稳定

任务描述

在化工装置生产运行过程中，精馏塔可能会出现塔釜温度不稳定的情况，小刘需要对装置异常现象——塔釜温度不稳定进行判断、分析和处理。

 知识准备

精馏塔是化工生产中互溶液体混合物的典型分离设备。依据精馏原理，在一定压力下，利用互溶液体混合物各组分的沸点或饱和蒸气压不同，使轻组分（即沸点较低或饱和蒸气压较高的组分）汽化，经多次部分液相汽化和部分汽相冷凝，使汽相中的轻组分和液相中的重组分浓度逐渐升高，也就是说在提馏段上升的易挥发组分逐渐增多，难挥发组分逐渐减少，从而实现分离的目的。精馏塔塔釜温度的稳定与否直接决定了精馏塔的分离质量和分离效果，控制精馏塔的塔釜温度是保证产品高效分离，得到高纯度产品的重要手段。

一、影响釜温的因素

在一定的压力下，被分离的液体混合物，汽化程度取决于温度。

造成塔釜温度波动的原因比较多，除了分析加热器的蒸汽量和蒸汽气压力的变动之外，还要考虑其他因素的影响：

1. 塔压的影响

当塔压突然升高时，釜温会随之升高，而后又下降。釜温的升高是因为压力升高引起了釜液泡点的升高。因而，塔内的上升蒸汽量不但不会增加，反而还会因为压力的升高而减少；

这样，塔釜混合液中轻组分的蒸出就不完全，将导致釜液泡点的下降，因而使釜温又随之下降。反之，当塔压突然下降时，塔内的上升蒸汽量会因塔压的降低而增加，造成塔釜液面的迅速降低，这样重组分可能被带至塔顶。随着釜液中组分的变重，釜液的泡点升高，釜温也会随之升高。由此看来，塔压是引起釜温变化的重要因素。

2. 进料中轻重组分浓度的影响

由于轻组分含量越高，泡点温度越低；重组分含量越高，泡点温度越高，釜温也会随着进料中轻组分浓度的增加而降低，随着重组分浓度的增加而升高。

另外，釜中有水、再沸器中物料聚合堵塞了部分列管、加热蒸汽压力的波动、调节阀的失灵、物料的平衡采出受到破坏等，都能引起釜温的波动。釜温波动时，要分析引起波动的原因，加以消除。例如，塔顶采出量过小，使轻组分压入塔釜而引起釜温下降。此时若不增加塔顶采出，单纯地加大塔釜加热蒸汽的用量，不但对釜温没有作用，严重时还会造成液泛。又如，再沸器的列管因物料聚合而堵塞，致使釜温下降，此时，应停车对设备进行检修。

二、釜温的调节

当釜温变化时，通常改变再沸器的加热蒸汽量，将釜温调节至正常。当釜温低于规定值时，应加大蒸汽用量（适用于蒸汽加热的情况），以提高釜液的汽化量，使釜液中重组分的含量相对增加，泡点提高，釜温提高。当釜温高于规定值时，应减少蒸汽用量，以减少釜液的汽化量，使釜液中轻组分的含量相对增加，泡点降低，釜温降低。

三、塔釜温度不稳定的常见原因及处理办法

塔釜温度不稳定的常见原因及处理办法见表 3-3-7。

表 3-3-7 塔釜温度不稳定的常见原因及处理办法

现象	原因	处理
塔釜温度不稳	进料及组分变化（例如重组分含量越高，泡点温度越高，釜温也会随之升高）	稳定进料（若重组分含量高，则减少原料中重组分杂质的含量，或调整前塔的操作，减少下塔进料中重组分杂质的含量）
	回流量及回流温度的变化（例如回流量增大，回流温度降低，则塔底温度降低）	调整回流量，调整回流温度，稳定回流比（例如降低回流量，提高回流温度，稳定回流比）
	塔液面过高或满，塔底温度提不起来	增大塔底采出，或减少进料量和回流量
	塔釜液面过低，引起温度不稳定或升高	减少塔底采出，使塔底采出液面控制在工艺指标范围内
	塔釜的波动，引起温度的变化，当塔压突然升高时，釜温会随之升高然后下降	稳定塔釜压力
	蒸汽压力不稳定（蒸汽压力降低，则塔釜温度下降）	联系调度调整蒸汽压力至稳定
	塔釜温度控制失灵，导致塔釜温度不稳	塔釜温度改为手动控制，或用副线或现场指示控制，并联系仪表处理人员
	预热器进气温度低，塔釜温度下降	提高预热器进气温度，使之平稳
	再沸器管程堵或漏，塔釜温度提不起来	待停工处理再沸器
	疏水器不畅通	检查疏水器

巩固练习

一、填空题

1. 在精馏塔操作负荷不变情况下，提高塔顶压力，精馏塔塔釜液位（　　　）。
2. 在精馏塔操作负荷不变情况下，降低塔顶压力，精馏塔塔釜液位（　　　）。
3. 精馏过程中，塔底采出量过小，造成塔釜液面过高，釜液循环阻力和釜温分别（　　　）和（　　　）。

二、选择题

1. 精馏塔釜温及压力不稳定的原因不包括（　　　）。
   A. 疏水器不畅通　　B. 加热器漏液　　　　C. 液体纯度不够　　　D. 无法确定
2. 精馏塔灵敏板、塔釜温度低时正确的处理方法是（　　　）。
   A. 降低塔釜液面　　　　　　　　　B. 提高塔顶回流量
   C. 增加进料量　　　　　　　　　　D. 提高塔釜加热量
3. 关于精馏塔灵敏板、塔釜温度提不起来的原因，下列说法正确的是（　　　）。
   A. 塔釜液面过低　　　　　　　　　B. 回流量过小
   C. 加热量过大　　　　　　　　　　D. 负荷降低
4. 工艺操作不当，釜温突然上升而引起精馏塔液泛，下列调整操作中错误的是（　　　）。
   A. 提高釜温　　　　　　　　　　　B. 停止塔顶采出
   C. 停止或减少进料　　　　　　　　D. 进行全回流操作
5. 精馏塔釜压升高将导致塔釜温度（　　　）。
   A. 不变　　　　　　B. 下降　　　　　　C. 升高　　　　　　D. 无法确定
6. 精馏塔塔釜温度越高，则塔釜液位越（　　　）。
   A. 高　　　　　　　　　　　　　　B. 低
   C. 无变化　　　　　　　　　　　　D. 与塔釜温度无关
7. 提高精馏塔的操作压力，精馏塔塔釜温度将（　　　）。
   A. 上升　　　　　　　　　　　　　B. 下降
   C. 不变　　　　　　　　　　　　　D. 二者没有关系
8. 关于精馏塔塔釜温度过低的原因解释错误的是（　　　）。
   A. 蒸汽量小　　　　　　　　　　　B. 回流量小
   C. 塔压力过低　　　　　　　　　　D. 塔釜液位高
9. 精馏塔釜液的汽相回流是（　　　）。
   A. 釜液泵循环回塔内的物料　　　　B. 塔板上流下的物料
   C. 釜液沸腾后上升的蒸汽量　　　　D. 塔釜加入的蒸汽量
10. 精馏塔塔釜液面空的原因有（　　　）。（多选）
    A. 塔釜采出量过大　　　　　　　　B. 塔釜加热量过大
    C. 进料组成变重　　　　　　　　　D. 负荷增大
11. 精馏塔的塔釜温度由（　　　）决定。（多选）
    A. 回流量的大小　　　　　　　　　B. 再沸器的加热介质量

C. 精馏塔的进料温度　　　　　　　D. 塔顶采出量的大小

12. 精馏塔塔釜温度高，应（　　）进行调节。

   A. 增加排放量　　　　　　　　　B. 提高回流量

   C. 增加进料量　　　　　　　　　D. 减少再沸器蒸汽加入量

13. 下面（　　）操作，可引起精馏塔塔釜温度的降低。（多选）

   A. 降低回流量　　　　　　　　　B. 提高回流量

   C. 降低加热蒸汽量　　　　　　　D. 提高塔顶压力

14. 下面（　　）指标，是确定精馏塔塔釜温度的依据。（多选）

   A. 回流量　　　　　　　　　　　B. 塔釜馏出液中轻组分含量

   C. 塔压　　　　　　　　　　　　D. 进料量

15. 精馏塔塔顶温度高的原因是（　　）。

   A. 塔压高　　　B. 回流量大　　　C. 加热量小　　　D. 进料温度低

16. 精馏塔塔顶温度高的处理方法是（　　）。（多选）

   A. 适当增加回流　　　　　　　　B. 调整进料温度

   C. 减小加热量　　　　　　　　　D. 以上说法均不正确

三、简答题

1. 塔釜液面对精馏有什么影响？

2. 塔釜液位波动对精馏有何影响？

3. 精馏塔塔釜温度控制的意义是什么？

4. 为什么开车时，精馏塔釜温的升温速度要缓慢？

附：精馏塔异常现象判断及处理案例

案例一：放射技术在故障处理中的应用

一、塔故障判断的放射技术

用于塔故障判断的放射技术有以下四种：

（1）可以检测塔内温度分布的红外线扫描技术；

（2）可以检测塔内密度分布的γ射线扫描技术；

（3）可以检测塔内氢浓度（密度）分布的中子反向散射扫描技术；

（4）可以检测塔内物料沿流动方向停留时间分布的示踪技术。

故障判断工程师最常用的是γ射线扫描技术，以塔内介质密度分布图的形式提供扫描结果。尽管γ射线扫描只是测量相对密度，读数还是要受到内部管道、人孔、接管、盲板法兰、加强筋和支撑圈等的影响。必须有一张非常准确的塔总装配图，才能准确解释这些扫描结果。

对故障状况下塔器扫描结果进行正确解释很重要，尤其是在没有正常工况下的基准扫描结果做对比时。对扫描结果准确的解释需要多方共同努力，包括现场操作人员、扫描仪供货商和塔内件专家。

应用γ射线扫描技术进行塔的水力学定量研究，是该技术发展的重要方向。

二、对某故障塔进行γ射线扫描结果

对某故障塔进行γ射线扫描结果如下：

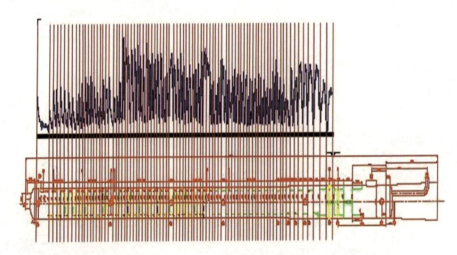

三、塔异常现象判断

扫描图上各峰值与塔板位置一一对应，这说明塔内所有塔板均完好，没有塌落现象。

γ射线扫描图显示塔板22至41的峰值明显不同于其他塔板，这就定性地告诉我们局部堵塞可能发生在第二个人孔或第三个人孔处。

扫描后的图谱分析：

（1）塔顶液泛，第 3 层塔盘上方积 1.5 米左右；

（2）第 4 层塔盘上存在严重雾沫夹带；

（3）5～25 层存在中等程度的雾沫夹带。

四、结论

（1）塔顶液泛，3～4 层塔盘或降液管处可能存在局部堵塞；

（2）塔的上部存在一定程度的雾沫夹带，塔中正常，塔中偏下存在轻度雾沫夹带，塔下部正常；

（3）塔盘位置正常，无冲翻现象。

案例二：乳化物或黄油造成的堵塔现象

某乙烯装置中的碱洗塔改扩建后，在高负荷运行中，出现塔压差上升，弱碱段塔釜液位下降，弱碱浓度下降，塔顶水洗段 pH 值超标，塔釜温度下降，弱碱段黄油量增多且排出不畅，严重影响裂解气压缩机系统的稳定运行及整个装置的生产。这是典型的塔内出现了异常的乳化物或黄油造成的堵塔现象。

一、预测起因

（1）操作条件变化，进料温度或组成有变化；

（2）辅助设备操作异常；

（3）塔内件设计不足；

（4）塔板效率不足。

二、收集资料

按列出的清单收集数据。

三、故障判断

判断结果：

（1）装置在长周期高负荷工况下运行，水力学负荷超载，塔能力不足；

（2）碱洗塔进料冷却器结焦严重，使过多重烃进入塔内，引起堵塞；

（3）碱洗塔再沸器中，再沸急冷水调节阀全开，釜温仍低，造成过多的黄油生成。

四、故障处理措施

该装置不能停车。针对以上起因，先制定临时消除堵塞的以下几项措施，稳定生产。

1. 临时措施

（1）采用多种方法冲洗塔内堵塞处。

（2）提高黄油抑制剂用量，减少黄油生成。

2. 进一步措施

（1）在线增加一台进料冷却器，减少重烃带入塔内的量。

（2）在线增加一台再沸器，提高塔釜温度，减少黄油生成。

（3）在强碱循环泵入口带压接一液位控制调节阀至弱碱循环泵出口，由强碱液位控制其开度，当塔堵塞严重时，强碱也无法流下，造成强碱段液位满，弱碱段液位空时，开此阀以补充碱液至弱碱段。

3. 目标措施

（1）装置大修期间，进行彻底治理的措施。具体措施是拆除原塔盘，更换高效塔盘及改造强碱、弱碱段黄油抽出口结构。

（2）装置大修投料开车后，碱洗塔各项指标达到并优于设计要求，同时提高了碱液利用率，大大减少了废碱排放量，减少环境污染，并已稳定运行三年。

（3）装置大修投料开车后，碱洗塔各项指标达到并优于设计要求，同时提高了碱液利用率，大大减少了废碱排放量，减少环境污染，并已稳定运行五年。

该例子的故障判断及处理，让我们认识到塔故障的原因往往是多元的，而不是单一的，故障的分析必须和该塔的工艺特性以及整个单元的工艺流程结合起来考虑和处理。

案例三：乙烯装置运行不稳定

某新建乙烯装置，前脱丙烷工艺流程，在投产初期，分离单元如果保证产品乙烯、丙烯质量合格，高压脱丙烷塔、脱丁烷塔、脱戊烷塔均操作不稳定，高压脱丙烷塔塔釜碳三含量偏高，操作温度偏高，再沸器堵塞严重，脱戊烷塔的塔压降升高，有液泛征兆，质量达不到要求。这些问题严重影响了装置的稳定运行，产品收率也受影响。

一、收集资料

首先要判断故障出在哪个塔上，起因又是什么？列出清单并收集详细的资料。

二、故障分析

1. 数据对比

设计数据并与现场操作数据对比，逐项排查，寻找故障点。

2. 对有问题的三塔进行水力学核算

水力学核算结果表明：按原设计数据核算三塔的水力学均没有问题，且脱丁烷塔、脱戊烷塔均有很大的余量；操作物料平衡数据和设计数据偏移较大，尤其是高压脱丙烷塔进料量偏移。

3. 沿流程向前查压缩机出口、分离罐、冷却器操作状况

检查结果：压缩机出口压力比原设计低了0.1MPa，冷却器冷侧温度低于设计温度。

4. 按现场操作条件进行工艺流程模拟计算

主要模拟结果为：高压脱丙烷塔由于塔顶压力降低，顶温下降2℃；而这股料又去冷却

前面分离罐出来的气相作为高压脱丙烷塔进料，导致高压脱丙烷塔进料量增加 4t/h，且变为高含气率的两相流进料。

5. 用操作物料平衡数据核算三塔水力学

用操作物料平衡数据重新核算三个塔的水力学状况。核算结果表明：脱丁烷塔、脱戊烷塔均没问题，高压脱丙烷塔进料分布管及塔板不能满足水力学要求。

三、故障判断

由于压缩机出口压力出现 0.1MPa 的偏差，导致分离系统塔器负荷大幅度变化，且高压脱丙烷塔进料相态发生了变化。现场操作条件下，经核算脱丁烷塔、脱戊烷塔、脱甲烷塔、脱乙烷塔、乙烯精馏塔、丙烯精馏塔可以满足水力学要求，但高压脱丙烷塔进料分布管及塔板满足不了水力学要求，是发生故障的主要原因。

四、故障处理措施

（1）停车，拆除高压脱丙烷塔全部塔板，更换高效率塔板及进料分布管。

（2）改造后的高压脱丙烷塔，在装置扩产后的高负荷运转条件下，整个分离单元各塔指标均达到并优于设计要求，并已稳定运行十年。

该例子的故障判断及处理，让我们认识到系统中哪怕是一个很小的设计偏差，也有可能导致一个单元多台塔故障，影响到整个装置的稳定运行。故障点的查找必须沿装置的工艺流程逐项排查，任何一个小的偏差都不可以放过。

学习任务四　精馏装置停车及分析

　　精馏装置运转一定周期后，设备和仪表可能发生各种各样的问题，当某些指标已经达不到要求时，或者根据生产需要可能会进行装置停车。现接上级通知，需要进行装置正常停车。小刘需要配合团队成员一起，发挥合作精神，科学制定停车操作方案，规范关闭进料泵、回流泵、产品泵，关闭预热器、再沸器等设备，完成装置停车。规范取样分析，正确、准确地读取水、电表读数，规范地填入记录卡。结合查阅相关的物性数据进行物料衡算和热量衡算，并分析如何降低精馏过程的能耗，达到节约成本和降低能耗的目的。

学习目标

知识目标

1. 能陈述精馏装置停车操作要点。

2. 能陈述生产数据的整理和计算方法。

3. 能概述精馏节能措施。

技能目标

1. 能规范进行精馏装置的停车。

2. 能完成已分离产品的收集。

3. 能正确进行生产数据的整理和计算。

素质目标

1. 养成规范撰写工作页和科学严谨处理数据的态度。

2. 在停车操作中养成良好职业道德和团队合作精神。

知识准备

一、回收率及采出率的计算

　　关于物料衡算，参考学习情境二学习任务二中相关内容。

　　如前所述，精馏生产的物料衡算中，常用到回收率的概念。轻组分的回收率为

$\dfrac{Dx_D}{Fx_F}$，重组分的回收率为 $\dfrac{W(1-x_W)}{F(1-x_F)}$。馏出液采出率 $\dfrac{D}{F}$，残液采出率 $\dfrac{W}{F}$，两者之和等于 1。

全塔物料衡算方程目的在于研究出精馏塔塔顶馏出液、塔底釜液及原料液之间的关系，方程虽然简单，但对指导精馏生产却是至关重要的。实际生产中，精馏塔的进料组成 x_F 为定值，故塔的产量和组成是相互制约的。工业精馏分离指标一般有以下几种形式。

① 规定馏出液与釜残液组成 x_D、x_W，此种情况下 $\dfrac{D}{F}$、$\dfrac{W}{F}$ 为定值，该塔的产率已经确定，不能任意选择。

② 规定馏出液组成 x_D 和采出率 $\dfrac{D}{F}$，此时塔底产品的采出率 $\dfrac{W}{F}$ 和组成 x_W 也不能自由选定，反之亦然。

③ 规定某组分在馏出液中的组成和它的回收率，由于回收率不超过100%，即 $Dx_D \leqslant Fx_F$，或 $\dfrac{D}{F} \leqslant \dfrac{x_F}{x_D}$，因此采出率 $\dfrac{D}{F}$ 是有限制的，当 $\dfrac{D}{F}$ 取得过大时，即使此精馏塔有足够大的分离能力，塔顶也无法获得高纯度的产品。

 练一练

将 40% 的乙醇 – 水溶液以流量 20kmol/h 进行连续精馏，要求馏出液组成含乙醇 88%（摩尔分数，下同），残液中乙醇含量为3%。试计算：①馏出液和釜残液的流量（用摩尔流量表示）；②馏出液的采出率；③乙醇的回收率。

二、热量衡算

通过热量衡算可确定冷凝器、再沸器的热负荷以及冷却剂和加热剂的用量，由此计算生产过程的能源成本。只有正确地估算好成本，才能进一步考虑好节约成本以及节能环保。

1. 冷凝器的热量衡算

对图 3-4-1 所示的冷凝器（冷凝器为全凝器）作热量衡算，以单位时间（1h）为基准，由于冷凝器温度较低，可忽略热损失。

热量衡算式为

$$Q_V = Q_C + Q_L + Q_D \qquad (3\text{-}4\text{-}1)$$

即

$$Q_C = Q_V - (Q_L + Q_D) \qquad (3\text{-}4\text{-}2)$$

式中　Q_C——冷凝器的热负荷，kJ/h；

　　　Q_V——塔顶蒸汽的焓值，kJ/h；

　　　Q_L——回流液的焓，kJ/h。

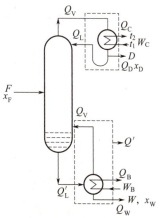

图3-4-1　精馏塔热量衡算示意图

$$Q_V = VH_{m,V} = (R+1)DH_{m,V} \qquad (3\text{-}4\text{-}3)$$

式中　$H_{m,V}$——塔顶上升蒸汽的摩尔焓，kJ/kmol。

$$Q_L = LH_{m,L} = RDH_{m,L} \qquad (3\text{-}4\text{-}4)$$

式中　$H_{m,L}$——塔顶馏出液的摩尔焓，kJ/kmol。

$$Q_D = DH_{m,L} \qquad (3\text{-}4\text{-}5)$$

式中　Q_D——塔顶馏出液的焓，kJ/h。

于是：

$$Q_C = (R+1)DH_{m,V} - (RDH_{m,L} + DH_{m,L}) \qquad (3\text{-}4\text{-}6)$$

整理上式可得到冷凝器的热负荷 Q_C：

$$Q_C = (R+1)D(H_{m,V} - H_{m,L}) \qquad (3\text{-}4\text{-}7)$$

冷却剂的消耗量 W_C 为

$$W_C = \frac{Q_C}{C_p(t_2 - t_1)} \qquad (3\text{-}4\text{-}8)$$

式中　W_C——冷却剂消耗量，kg/h；

　　　C_p——冷却剂的比热容，kJ/（kg·℃）；

　t_1，t_2——冷却剂进口、出口温度，℃。

2. 再沸器的热量衡算

对图 3-4-1 所示的再沸器作热量衡算，仍以单位时间（1h）为基准。

热量衡算式为

$$Q_B + Q_L' = Q_V' + Q_W + Q' \qquad (3\text{-}4\text{-}9)$$

即

$$Q_B = Q_V' + Q_W + Q' - Q_L' \qquad (3\text{-}4\text{-}10)$$

$$Q_V' = V'H_{m,V}' \qquad (3\text{-}4\text{-}11)$$

$$Q_L' = L'H_{m,L}' \qquad (3\text{-}4\text{-}12)$$

$$Q_W = WH_{m,W} \qquad (3\text{-}4\text{-}13)$$

式中　　Q_B——再沸器的热负荷，kJ/h；

Q_V'，$H_{m,V}'$——再沸器上升蒸汽的焓与摩尔焓，kJ/h 与 kJ/kmol；

Q_L'，$H_{m,L}'$——提馏段最底层塔板下降液体的焓与摩尔焓，kJ/h 与 kJ/kmol；

Q_W，$H_{m,W}$ ——塔釜残液的焓与摩尔焓，kJ/h 与 kJ/kmol ；

Q' ——再沸器的热损失，kJ/h。

即

$$Q_B = V'H'_{m,V} + WH_{m,W} + Q' - Q'_L = L'H'_{m,L} \qquad (3\text{-}4\text{-}14)$$

根据 $L' = V' + W$ ，并近似取 $H'_{m,L} \approx H_{m,W}$ ，则上式整理后可得

$$Q_B \approx V'(H'_{m,V} - H_{m,W}) + Q' \qquad (3\text{-}4\text{-}15)$$

加热剂消耗量 W_B 为

$$W_B = \frac{Q_B}{h_{B1} - h_{B2}} \qquad (3\text{-}4\text{-}16)$$

式中　W_B ——加热剂消耗量，kg/h ；

h_{B1}，h_{B2} ——加热剂进出再沸器的比焓，kJ/kg。

一般情况下，常用饱和水蒸气作为加热剂，若冷凝液在饱和温度下排出，则

$$h_{B1} - h_{B2} = r \qquad (3\text{-}4\text{-}17)$$

式中　r ——饱和水蒸气的汽化焓，kJ/kg。

于是

$$W_B = Q_B / r \qquad (3\text{-}4\text{-}18)$$

三、节能措施

石油化工行业中的分离过程能耗最大，其中又以精馏过程的能耗居首，因此，降低精馏过程的能耗一直是工业实践和科学研究的热门课题。

分析精馏装置的能耗，主要由两部分构成：塔底再沸器中加热剂的消耗量和塔顶冷凝器中冷凝介质的消耗量。但是，精馏装置中的塔器和这些换热器是一个有机的整体，塔内某个参数的变化必然会反映到再沸器和冷凝器中，节能措施主要有以下几个方面。

① 选择经济上合理的回流比是精馏过程节能的首要因素。新型板式塔和高效填料塔的应用，有可能使回流比大为降低（参见学习情境三有关回流比内容）。

② 采用低压降的塔设备，以减小再沸器与冷凝器的物料温度差，可减少向再沸器提供的热量，提高能量利用率。如果塔底和塔顶的温度差较大，则在精馏段中间设置冷凝器，在提馏段中间设置再沸器（图 3-4-2），可降低精馏的操作费用。

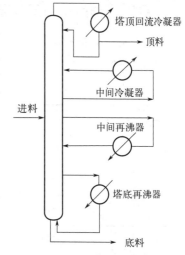

图3-4-2　中间冷凝器和中间再沸器

③ 类似于多效蒸发，采用压力依次降低的若干个精馏塔串联流程，将前一精馏塔塔顶蒸汽用作后一精馏塔再沸器的加热介质，可以节约大量的能量。

这种流程设计称为多效精馏（参见学习情境四有关多效精馏内容）。

④ 类似于蒸发过程所采用的节能技术，用塔顶蒸汽的潜热直接预热原料或将其用作其他热源；回收馏出液和釜残液的显热用作其他热源；将热泵技术用于精馏装置，将塔顶蒸汽绝热压缩后升温，重新作为再沸器的热源，也是精馏操作节能的有效途径（参见学习情境四有关热泵精馏内容）。

 小贴士

党的二十大报告提出"加快发展方式绿色转型"，促进人与自然和谐共生。化工精馏中如何提高能量利用率、降低能耗是精馏过程研究的重要任务，是降低成本和节能环保的重要途径。对化工精馏高效节能技术的研发与应用，既能提升化工精馏产品的质量，又能帮助化工企业缩减生产成本，有效提升企业经济效益，从而推动化工行业的高效快速发展。

✅ 任务实施

一、安全提示

（1）个人防护用品需检查后进行穿戴，如安全帽、护目镜、手套等。

（2）工器具使用前需检查其有效期、是否能正常工作等，切忌蛮力操作。

（3）在精馏装置上操作时注意防止磕碰。

（4）操作电气设备时，注意绝缘防护，避免接触带电部位。

（5）现场地面液体及时清理，防止滑倒。

二、精馏操作设备和工具准备

（1）精馏装置正常停车；

（2）取样分析所用工具 取样分析所用工具见表3-4-1。

表3-4-1 取样分析工具

序号	名称	规格	单位	数量
1	量筒	250mL	个	1
2	量筒	500mL	个	1
3	烧杯	300mL	个	3
4	酒精计	含0～100各不同量程	套	1
5	废液桶	10L	个	1
6	计算器	常规	个	1

三、工作步骤

精馏装置
停车操作

（1）规范停止进料泵，关闭相应管线上阀门。

（2）规范停止预热器加热和再沸器电加热。

（3）规范停回流泵。

（4）规范停塔底残液泵，停塔釜残液采出及塔釜冷却水。

（5）待塔顶馏出液全部送入产品槽，规范停产品泵，停产品换热器和塔顶冷凝器。

（6）关闭上水阀、回水阀，并正确读取水表读数及电表读数，填入工作页。

（7）分析产品质量和组成，填入工作页；分析物料衡算和热量衡算（参考表3-4-2）。

（8）各阀门恢复初始开车前的状态。

表3-4-2 数据记录及计算结果表

物料衡算	
原料液流量 F /（kmol/h）	
原料液中易挥发组分的摩尔分数 x_F	
塔顶馏出液流量 D /（kmol/h）	
馏出液中易挥发组分的摩尔分数 x_D	
塔底釜残液流量 W /（kmol/h）	
釜残液中易挥发组分的摩尔分数 x_W	
塔顶采出率 D/F	
塔顶易挥发组分的回收率 η_D /%	
釜液采出率 W/F	
塔釜难挥发组分的回收率 η_W /%	
热量衡算	
回流比 R	
塔顶上升蒸汽的摩尔焓 $H_{m,V}$ /（kJ/kmol）	
塔顶馏出液的摩尔焓 $H_{m,L}$ /（kJ/kmol）	
冷凝器的热负荷 Q_C /（kJ/h）	
冷却剂的比热容 C_p /［kJ/（kg·K）］	
冷却剂进口温度 t_1 /℃	
冷却剂出口温度 t_2 /℃	
冷却剂消耗量 W_C /（kg/h）	
提馏段上升的蒸汽摩尔流量 V' /（kmol/h）	
再沸器上升蒸汽的摩尔焓 $H'_{m,V}$ /（kJ/kmol）	

热量衡算	
塔釜残液的摩尔焓 $H_{m,W}$/（kJ/kmol）	
再沸器的热损失 Q'/（kJ/h）	
再沸器的热负荷 Q_B/（kJ/h）	
加热剂进再沸器的比焓 h_{B1}/（kJ/kg）	
加热剂出再沸器的比焓 h_{B2}/（kJ/kg）	
饱和水蒸气的汽化焓 r/（kJ/kg）	
加热剂消耗量 W_B/（kg/h）	

巩固练习

一、判断题

1.连续精馏停车时，先停再沸器，后停进料。（　　）

2.精馏塔停车时，应逐步降低塔的负荷，相应地减少加热剂和冷却剂用量直到停车。（　　）

二、单选题

精馏塔的停车操作中，先后顺序正确的是（　　）。

　A.先停采出泵，再停回流泵　　　　B.先停冷却水，再停产品产出

　C.先停再沸器，再停进料　　　　　D.先停进料，再停再沸器

三、简答题

写出精馏装置停车的主要操作步骤。

四、计算题

用常压连续精馏塔分离正庚烷、正辛烷混合液。每小时可得正庚烷含量92%（摩尔分数，下同）的馏出液50kmol，操作回流比为2.4，泡点回流。泡点进料，进料组成为40%，塔釜残液组成为5%，塔釜用压强为101.3kPa（绝）的饱和水蒸气间接加热。

①全凝器用冷却水冷却，冷却水进口、出口温度分别为25℃和35℃，求冷却水消耗量；

②求加热蒸气消耗量（热损失取传递热量的3%）。

学习情境四
其他类型的精馏

情境描述

> 　　小刘前面学习了化工生产中最基本的双组分连续精馏。精馏技术发展至今天，其发展方向已经从常规精馏转向特殊精馏，解决普通精馏无法分离的问题，也就是通过其他手段通过改变物系的性质，使组分得以分离，这种技术势必越来越受到人们的重视。而且，随着生物技术、中药现代化和环境化工等领域的不断发展和兴起，人们对产品纯度的要求越来越高，对精馏技术提出了很多新的要求（低能耗、无污染等），其他类型精馏技术的发展将会使化工行业更高效、更清洁。

学习任务 其他类型精馏及发展前沿

任务描述

对于用普通精馏方法无法分离的混合液或为了更好地分离混合液，可以采用其他精馏方法进行分离。化工生产中得以广泛应用的其他精馏方法常见的有恒沸精馏、萃取精馏、水蒸气精馏、多组分精馏、反应精馏等。小刘需要掌握以下其他精馏的原理、特点和应用，并了解精馏技术的前沿。

学习目标

知识目标

1. 能陈述常见其他精馏的原理。

2. 能归纳常见其他精馏的特点。

3. 能概述常见其他精馏的应用。

技能目标

能根据具体情况解释常见其他精馏的原理。

素质目标

1. 具备对获取的信息进行归纳分析的能力。

2. 具备良好的职业道德和团队合作精神。

 知识准备

实际生产中遇到下列情况仍采用一般精馏方法来分离双组分混合液是不合适的，生产所需投资费用和操作费用均很高。

① 两组分的相对挥发度很小，用一般精馏方法所需理论塔板数很多，操作回流比很大，生产所需投资费用和操作费用均很高；

② 常压下具有恒沸物的双组分体系（如乙醇-水溶液，用一般精馏方法所获产品最高浓度只能达到摩尔分数 0.894）；

③ 物料在高温下易分解，故再沸器的温度不能太高。

工业上广泛采用恒沸精馏、萃取精馏、水蒸气精馏等特殊精馏的方法，完成上述各种特殊情况下的双组分混合液分离。另外，还有一些基于其他目的研发的最基本的双组分连续精馏之外的其他精馏，下面作一定的介绍。

一、添加物精馏

1. 恒沸精馏

恒沸精馏的基本依据是：向双组分（A+B）混合液中加入第三组分 C（称为挟带剂或恒沸剂），此组分与原溶液中的一个或两个组分形成新的恒沸物（AC、BC 或 ABC），体系变成恒沸物 - 纯组分溶液，而新的恒沸物与纯 A（或 B）的相对挥发度大，很容易用一般精馏方法分离。

用乙醇 - 水溶液制取无水乙醇是一个典型的恒沸精馏过程。此过程以苯为挟带剂，苯、乙醇和水形成三元恒沸物，其恒沸组成为（摩尔分数）：苯 0.539、乙醇 0.228、水 0.233，常压下的沸点为 64.9℃。其生产流程如图 4-1-1 所示。

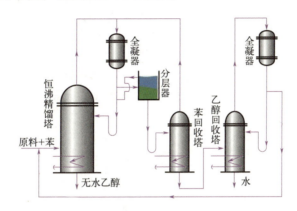

图4-1-1　乙醇-水恒沸精馏生产流程示意图

将工业乙醇（其组成接近于乙醇 - 水恒沸物，即乙醇摩尔分数约 0.894）与苯加入恒沸精馏塔，塔底排出所需要的产品无水乙醇。塔顶馏出的三元恒沸物蒸汽经冷凝后，导入分层器，静置后分为两层，轻相主要含苯，可回流入塔；重相主要含水，也有少量的苯，送脱苯塔被加热沸腾汽化，苯以三元恒沸物形式被蒸出，经冷凝后导入分层器。苯回收塔的底部产品为稀乙醇，可送入乙醇回收塔中提浓，返回恒沸精馏塔作为料液。乙醇回收塔底部排出废水。

作为挟带剂的苯在系统中循环，可用于此生产过程的挟带剂除苯之外，还有戊烷、三氯乙烯（均为与水互不相溶的溶剂）。

选择合适的挟带剂是能否实现恒沸精馏及降低其生产成本的关键。工业生产对挟带剂的主要要求是：

① 与被分离组分形成恒沸物，其沸点应与另一被分离组分有较大差别，一般要求大于 10℃；

② 希望能与料液中含量少的组分形成恒沸物，而且挟带的量越多越好，这样可以减少挟带剂用量，热量能耗低；

③ 确保恒沸物冷凝后能分为轻重两相，便于挟带剂的回收，为此，挟带剂与被挟带组分的相互溶解度越小越好；

④ 应满足一般的工业要求，热稳定性好，不腐蚀，无毒，不易燃烧、爆炸，货源易得，价格低廉等。

恒沸精馏也可用于相对挥发度小而难分离溶液的分离。如以丙酮为挟带剂分离苯 - 环己烷溶液，以异丙醚为挟带剂分离水 - 乙酸溶液。

2. 萃取精馏

萃取精馏的依据是向双组分混合液中加入第三组分 E（称为萃取剂）以增加其相对挥发度。萃取剂是一种挥发性很小的溶剂，与原溶液中 A、B 两组分间的分子作用力不同，能有选择性地溶解 A 或 B，从而改变其蒸气压，原溶液有恒沸物的也被破坏。图 4-1-2 为环己烷（A）-苯（B）的萃取精馏流程，以糠醛（E）为萃取剂，由于糠醛与苯分子的作用力大，使溶液中苯的蒸气分压降低，苯从易挥发组分转为难挥发组分，环己烷成为易挥发组分。所以，在萃取精馏塔中，由于萃取剂 E 的加入，塔顶可获得较纯的 A，塔底则得到（B+E）。由于 B、E 的相对挥发度大，将其送入溶剂分离塔中很容易分离，B 为塔顶产品，塔底则回收 E，并将其再返回主塔循环使用。

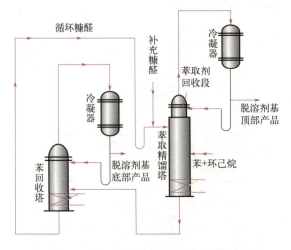

图4-1-2　环己烷-苯萃取精馏流程示意图

工业生产对萃取剂的主要要求是：

① 选择性强，能使原溶液组分间的相对挥发度显著增加；

② 溶解度大，能与任何浓度下的原溶液互溶，以避免分层，否则就会产生恒沸物而起不了萃取精馏的作用；

③ 沸点要高，应比原溶液中任一组分的沸点都高，以免混入塔顶产品中，但沸点也不能太高，否则回收困难；

④ 应满足一般的工业要求，热稳定性好，不腐蚀，不易着火、爆炸，来源广，价格低等。

萃取精馏与恒沸精馏的共同点是：向溶液加入第三组分以增加被分离组分的相对挥发度。两者的主要区别在于：①恒沸精馏的挟带剂必须与被分离组分形成恒沸物，而萃取精馏对萃取剂则无此限制，因此，萃取剂的选择范围较大；②恒沸精馏的挟带剂被汽化由塔顶引出，此项热量消耗较大，因此，其经济性不及萃取精馏；③萃取精馏不能简单地采取间歇操作，因为萃取剂必须不断地由塔上部加入，恒沸精馏则从大规模连续生产至实验室的小型间歇精馏均能方便地操作。

3. 加盐精馏

加盐精馏是向精馏塔顶连续加入可溶性盐，以改变组分间的相对挥发度，使普通精馏难以分离的液体混合物变得易于分离的一种特殊精馏方法。还可将加盐精馏和萃取精馏结合起来，即加盐萃取精馏。

精馏中的盐效应就是在呈平衡的两相体系中，加入非挥发性的盐，使平衡点发生移动。对于二元体系，当盐溶解在两挥发性组分的溶液中时盐和两组分发生作用，形成配合物和缔合物，从而影响各挥发组分的活度。这样就改变了两组分的汽液平衡关系，改善了分离效果。

宏观来看，将盐溶于水中，水溶液的蒸气压下降，沸点升高。一般来说，这是由于不同组分对盐的溶解能力不同所致。例如对乙醇-水体系，加入 $CaCl_2$ 后，因 $CaCl_2$ 在水中溶解度大于其在乙醇中的溶解度，所以水的蒸气压下降的程度要大于乙醇蒸气压下降的程度，这就提高了乙醇和水的相对挥发度。所以，在相同分离条件下，有盐比无盐所获得的乙醇纯度更高。

从微观的角度看，活度系数是由分子间的作用力决定的，分子间的作用力可以分为物理作用和化学作用两类。物理作用即范德华力，包括静电力、诱导力和色散力等。化学作用又可分为以下几种情况：

（1）氢键　当形成氢键时，对理想溶液产生负偏差，溶液蒸气压下降，沸点上升，使形成氢键的组分活度系数下降；或者是加入的组分破坏了原来的氢键，对理想溶液产生正偏差，从而提高了某组分的活度系数。

（2）形成配合物　当盐加入溶液中后，盐与组分形成配合物，使其溶剂化，从而降低了组分的活度系数，改变了组分的相对挥发度。

（3）静电作用　由于加入的盐是极性很强的电解质，在水中离解为离子，产生电场，由于溶剂中的水分子和其他组分分子介电常数不同，它们在盐离子电场的作用下，极性较强、介电常数较大的分子就会聚集在离子周围，而把极性较弱、介电常数较小的分子从离子区"驱逐"出去，使之活度系数增加，从而使各组分相对挥发度增大。

（4）形成不稳定的配合物　将盐加入混合组分中，有时会和混合组分形成某种不稳定的配合物，改变混合组分的活度系数。应该指出，这几种作用不是孤立的，就是说，它们可能会共同作用于一个混合体系，只是起作用的程度不同而已。

对于连续精馏的加盐精馏，只适用于盐效应很大或对产品纯度要求不高的情况。常用的加盐精馏方法有：①将固体盐加入回流液中，溶解后由塔顶加入。应用该法可从塔顶得到较纯净的产物，但盐的回收十分困难，能耗也较大。②将盐溶液与回流液混合，该法应用方便，但盐溶液中含有沸点较高的组分，降低塔顶产品纯度。③将盐加入再沸器中，盐仅起破坏共沸组成的作用，后再用普通精馏法分离。

加盐精馏的过程，从以下两个例子作简单介绍。

（1）熔盐精馏　工业上生产无水乙醇的主要方法是共沸精馏和萃取精馏。其缺点是回流比大，塔板数较多。而采用 $CaCl_2$ 熔盐精馏则可使塔板数节省 4/5，回流比的降低使能耗减少 20%～25%，盐含量只是混合溶液的 1.0%～1.5%，显示出明显的优越性。如图 4-1-3 所示。

（2）加盐萃取精馏　在乙醇、丙醇、丁醇等与水的混合液中，大多数存在着共沸物，采用加盐萃取精馏可实现预期的分离效果。如图 4-1-4 所示。

加盐精馏具有以下优点：①当找不到适合某一体系分离的萃取剂时，向体系中加入一种盐即能达到希望的分离效果。盐可起到萃取剂的作用。②由于盐不挥发，仅在塔内随液体向下流动，后从塔底流出，不污染塔顶产品。③若操作合理，可直接从塔顶获得完全与萃取剂分离的产品，省去从塔顶产物气相中再分离萃取剂的操作过程。④在萃取精馏中，一般来说，对分离剂要求具有高的选择性，用量至少是进料量的一半，所需分离剂的流率、热负荷、动力、再循环处理设备体积均很大；而加盐时，若盐效应显著，在很低的盐浓度下，就能大大改变体系的相对挥发度,减少分离剂的用量,并达到预期的分离目的。⑤在加盐条件下,由于盐能循环利用。可降低能耗 20% 左右;加之加盐能改善塔内汽液平衡关系,理论塔板数可减少约 80%。

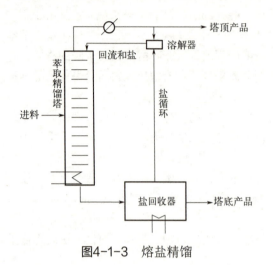

图4-1-3　熔盐精馏　　　　　　　　　图4-1-4　加盐萃取精馏

二、耦合精馏

1. 反应精馏

化工生产中,反应和分离两种操作通常分别在两类单独的设备中进行。若能将两者结合起来,在一个设备中同时进行,将反应生成的产物或中间产物及时分离,则可以提高产品的收率,同时又可利用反应热供产品分离,达到节能的目的。反应精馏就是在进行反应的同时用精馏方法分离出产物,伴有化学反应的精馏方法,有的用精馏促进反应,有的用反应促进精馏。用精馏促进反应,就是通过精馏不断移走反应的生成物,以提高反应转化率和收率。如醇加酸生成酯和水的酯化反应是一种可逆反应,将这个反应放在精馏塔中进行时,一边进行化学反应,一边进行精馏,及时分离出生成物酯和水。这样可使反应持续向酯化的方向进行。这种精馏在同一设备内完成化学反应和产物的分离,使设备投资和操作费用大为降低。

优点:①破坏了可逆反应平衡,增加了反应的选择性和转化率,使反应速度提高,从而提高了生产能力;②精馏过程可以利用反应热,节省了能量;③反应器和精馏塔合成一台设备,节省投资;④对某些难分离的物系,可以获得较纯的产品。

但采用这种方法必须具备一定的条件:①生成物的沸点必须高于或低于反应物;②在精馏温度下不会导致副反应等不利影响的增加。目前在工业上主要应用于酯类(如乙酸乙酯)的生产。

注意事项:用反应促进精馏,就是在混合物中加入一种能与被分离组分发生可逆化学反应的物质(第三组分),以提高其相对挥发度,使精馏容易进行。如在混合二甲苯中加入异丙苯钠,后者与对二甲苯和间二甲苯反应生成对二甲苯钠和间二甲苯钠,两者反应平衡常数相差很大,可使对二甲苯与间二甲苯的相对挥发度增大很多。这种方法对增大相对挥发度比较有效。但由于第三组分的回收和循环使用比较困难,使其应用受到限制。

但几十年来,反应精馏的工业应用例子并不多。实例一:杜邦公司用对苯二甲酸二甲酯与乙二醇在反应精馏塔中反应生产甲醇和对苯二甲酸乙二醇酯。反应物从反应精馏塔的中部加入。高挥发性、低沸点的甲醇产品从塔的顶部移走，高沸点的对苯二甲酸乙二醇酯产品是从底部移走。将产物从反应段移走，促进了可逆反应向生成产物的一侧移动，这是反应精馏的基本优点之一。通过将产品从反应发生区移走，可以克服化学平衡常数低的劣势和获得高的转化率。实例二：伊士曼采用反应精馏塔生产乙酸甲酯。甲醇比乙酸更易挥发，从塔的较低位置进料。乙酸较重，从塔的上部位置进料。作为较轻组分，甲醇沿塔向上运动与沿塔向下运动的较重组分乙酸接触。两者反应生产乙酸甲酯和水。乙酸甲酯是系统中最易挥发的成分，所以它沿塔向上进入汽相。这将保持发生可逆反应的液相中乙酸甲酯的浓度远低于平衡浓度。这样的话，会推动反应向生产产物的一侧移动，即使在低的平衡常数下也可获得高的转化率。这种单塔的反应精馏取代了传统的多塔工艺，而传统多塔工艺要消耗 5 倍以上的能源，且投资大约是反应精馏塔的 5 倍。乙酸甲酯反应精馏塔已成为反应精馏应用的范例，它提供了一个优秀的化学创新工程实例。实例三：MTBE（甲基叔丁基醚）的生产。来自炼油厂脱丁烷塔的轻质混合 C_4 物流包含异丁烯和其他 C_4 惰性成分（异丁烷、正丁烷与正丁烯）。混合 C_4 物流随着甲醇一起进入反应精馏塔。异丁烯与甲醇反应生成甲基叔丁基醚。重组分甲基叔丁基醚从塔底移走，化学惰性的 C_4 上升至塔顶，从塔顶移走。

下面以实例二具体介绍，即利用甲醇和乙酸生产乙酸甲酯，反应方程式如下：

$$CH_3OH + CH_3COOH \xrightarrow{H^+} CH_3COOCH_3 + H_2O$$

利用填料层将反应塔 / 精馏塔分成五个区域，如图 4-1-5 所示。

将乙酸送入精馏塔的上部区域。甲醇送入精馏塔的下部区域并向上流动。在反应区，在离子交换催化剂（H^+）的作用下甲醇和乙酸发生反应，形成乙酸甲酯和水。

在上方两个填料层中的精馏形成乙酸甲酯和水的共沸混合物。在塔顶形成纯乙酸甲酯；共沸的乙酸甲酯和水在精馏塔中向下流动。

在最下方填料层中的精馏形成甲醇和水共沸混合物。共沸的甲醇和水在精馏塔中向上流动，纯水向下流动。

2. 吸附精馏

吸附精馏是由吸附和精馏组成的复合过程，该过程使吸附与精馏操作在同一吸附精馏塔中进行，将各自的不足和不利条件相互抵消，提高了分离因数，又使精馏与吸附操作在同一精馏脱附塔中进行，强化了吸附作用。因此，吸附精馏过程具有分离因数高、操作连续、能耗低和生产能力大的优点。它特别适用于恒沸物系和沸点相近物系的分离及需要高纯产品的情况。

吸附精馏过程的流程如图 4-1-6 所示。固体吸附剂自塔顶加入，与回流液一起进入第一块塔板。在塔内，固体吸附剂与液相逐板并流而下，

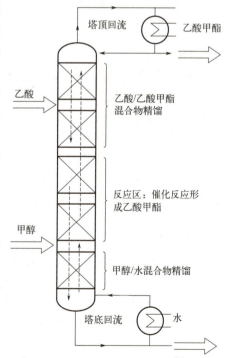

图4-1-5　甲醇和乙酸生产乙酸甲酯反应精馏

进行多级固液吸附，在各塔板上与上升气相逆流接触传质，进行多级精馏，从而使混合物得到逐级分离。最后，吸附剂随塔底产物排出，经固液分离、干燥及再生后，返回塔顶重新利用。这样，在同一塔内实现了多级固液吸附和多级精馏过程的同时连续操作。

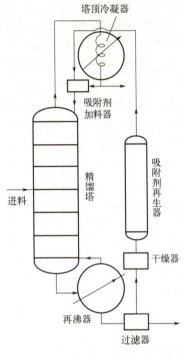

图4-1-6　吸附精馏

下面简单介绍吸附精馏的最新应用实例——活性炭吸附精馏提纯有机废气回收技术，是将活性炭吸附、热空气脱附、精馏三种工艺组合的有机废气回收技术，其实质是一个吸附浓缩的物理过程。目前在工业应用中，通常以活性炭为吸附剂，以蒸气为脱附剂，经精馏提纯后即可回收溶剂，达到有机废气资源化回收利用的目的。活性炭经过特殊的工艺处理后，能产生丰富的微孔结构，这些人眼看不到的微孔，能够依靠分子力从气相混合物中有选择性地吸附某些组分，从而达到净化的目的。当吸附床内吸附剂所吸附的有机物达到允许的吸附量上限时，该吸附床就不能继续进行吸附操作，而转入脱附再生过程。活性炭吸附精馏提纯法主要用于低浓度、高通量、温度不高、具有一定回收价值的有机废气的治理，该工艺具有能耗低、工艺成熟、净化效果好、回收率高、易于推广等优点，有很好的环境和经济效益，被广泛地应用于化工、喷漆、印刷、轻工等行业的有机废气治理，尤其是对苯类、酮类废气的处理。

3. 膜精馏

膜精馏技术是膜技术与常规精馏过程相结合的产物，作为一种新型的膜分离技术，于20世纪60年代中期由M.E.Findley提出，发展始于80年代。膜精馏（membrane distillation）是利用高分子膜的多孔性、疏水性、低导热性而达到水纯化和溶液浓缩目的的膜分离技术。直接接触式膜精馏（direct contact membrane distillation）是以混合液中的挥发性组分在多孔疏水膜两侧的蒸气压差为跨膜推动力的膜分离过程。膜精馏具有分离效率高、操作条件温和、对膜的机械强度要求低等优点。

膜精馏技术传质和传热模型如图4-1-7所示，当多组分的热流体流过多孔膜的热侧，混合液中挥发性轻组分在膜界面处汽化并吸热，在膜两侧蒸气压差的作用下，以蒸汽的形式通过膜孔，同时热量也以传导形式透过膜。蒸汽在膜冷侧界面处冷凝并放热，热量通过热边界层从膜冷侧表面传递到冷凝液主体。这就是膜精馏的基本过程。需要指出的是所谓冷侧既可以设一与膜保持一定距离的冷壁（即间接接触式），也可以不设冷壁直接与冷却水相接（即直接接触式）两种冷却方式。膜精馏技术以其能常压低温操作、可利用废热等优点，被认为能用于海水淡化、超纯水的制备、非挥发性物质水溶液的浓缩和结晶、回收水溶液中的挥发性物质等方面。

小贴士

耦合精馏是将精馏和其他单元操作结合起来，以上耦合精馏充分体现了"团队的力量"。其实萃取精馏也是一种耦合精馏，按照不同的分类标准隶属于不同的类别。

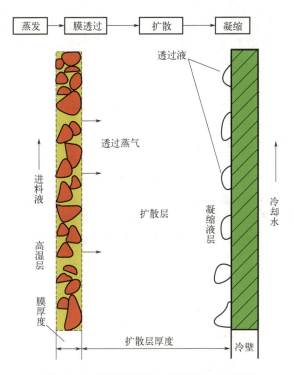

图4-1-7 膜精馏技术传质和传热模型

三、热敏物料精馏

对温度敏感的高沸点混合液，可采用经济的精馏方法如水蒸气精馏和减压精馏，还可以通过高效动态规整填料塔来精馏。

1. 水蒸气精馏

将水蒸气送入精馏塔塔釜直接加热溶液，使溶液中组分的沸点降低，从而能在较低温度下沸腾汽化进行精馏，此种操作称为水蒸气精馏。条件是原溶液中的组分不溶于水或基本不溶于水，例如乙醚、苯、甲苯、苯胺、石油馏分、脂肪酸的液体混合物。

加入水蒸气能降低溶液沸点的原理是：互不相溶的液体混合物，其蒸气压为各纯组分饱和蒸气压之和。如温度 t ℃下，纯水的蒸气压为 p_w^0，纯苯的蒸气压为 p_A^0，水与苯互不相溶，所以此温度下苯 - 水混合液面上与之平衡的汽相总压为 $p = p_w^0 + p_A^0$。显然，此混合液的平衡总压比任一纯组分的蒸气压都要高，因而其沸点就比任一纯组分低。实测表明，当总压为 101.3kPa 时，水的沸点为 100℃，苯的沸点为 80.1℃，而苯 - 水混合液的沸点为 69.5℃。

水蒸气精馏（steam distillation）的基本方法是：加热蒸汽直接通入精馏塔塔釜，如图 4-1-8 所示。

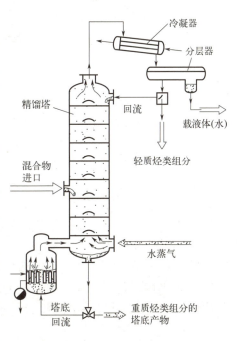

图4-1-8 水蒸气精馏

当水蒸气与被分离混合液的蒸气压之和等于加热釜内总压时，溶液沸腾汽化。水蒸气会使混合物的沸点范围下降，从而在大大降低的温度水平下进行精馏。上升气流中除原溶液的组分外还有大量水汽。由于原溶液中组分不溶于水，此蒸汽从塔顶冷凝器冷凝后，所得馏出液将分为两层，然后用澄清或离心分离方法将水除去，即可获取较纯的塔顶产品。

水蒸气精馏主要用于热敏物料的分离及常压下沸点较高溶液中杂质的去除，例如硝化苯、松节油、苯胺类及脂肪酸类物料的分离等。使用水蒸气的精馏塔也被称作汽提塔。

2. 减压精馏

在减压（低于当地大气压）下进行分离混合物的精馏操作称为减压精馏。

在执行减压精馏（decompress rectify）时，真空泵在整套精馏装置中提供较大的负压，如图4-1-9所示。减压精馏就是借助降低系统压力，使混合液的沸点下降，在较低的压力下沸腾以降低精馏操作的温度。以此方法降低混合物的沸点温度，从而在较低的经济的温度水平下进行精馏。

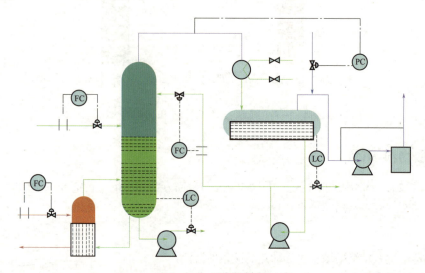

图4-1-9　减压精馏

减压精馏段的优点有：①对某些在高温下精馏时容易分解或聚合而达不到分离的目的的物质，就可以采用减压精馏。②减压精馏可降低混合液的沸点，从而降低分离温度。因此可减少用于加热的蒸汽消耗和使用较低压力的加热蒸汽。特别是以水蒸气作热源时，加热温度提高后，所需的饱和水蒸气压力需要提高得更多，这对设备和蒸汽源都提出了新的要求。③减压精馏可提高精馏塔分离能力。众所周知，被分离混合液之间的相对挥发度越大，混合液就越容易分离。一般情况下，在减压时混合液组分间的相对挥发度将增大，所以就越容易分离。④对于有毒物质的分离，采用减压精馏可防止剧毒物料的泄漏，减少对环境的污染，在保护人体健康方面是有一定意义的。

减压精馏的缺点有：①真空操作对设备的密封要求严格，在技术上带来一定的困难。特别对易燃易爆物质，当设备内漏入空气时，有爆炸危险。②减压精馏的生产能力低于常压和加压精馏设备。

3. 高效动态规整填料塔精馏及其改进

塔技术自20世纪20年代开发以来应用日益成熟。改进塔板结构，采用各种低压降塔板，有时采用一塔两段或多段，或双塔和多塔串联，使釜温降到许可的范围。这些改进曾使板式塔一度得到广泛应用，但板式塔无论如何改造，总会由于塔板上持液量大和压力降高造成温度升高、停留时间长，使得物料热解或聚合现象严重。

而填料塔结构简单、阻力小，特别是近代新型填料的研究和开发，使填料塔的放大效应得到了很大的改善，使得填料塔在热敏性物料分离中的优越性越来越明显。早期用于热敏性物料减压精馏的填料是鲍尔环，自 1937 年出现 Stdman 填料以来，对适用于真空精馏的填料的研究进入了一个新阶段。这种填料人为规定塔中气液路径，克服了沟流和壁流现象。接着出现了 Panapak、Goodle 及 Spraypak 等填料，以及近年来开发出的 Glishgrid 和 Sulzer 填料，特别是 Koch2Sulzer 填料，压降小，效率高，对热敏物系的真空精馏非常有效，在中药现代化工艺中的应用日趋广泛，规整填料技术已成功应用于高纯天然维生素 E、高纯 EPA（二十碳五烯酸）和 DHA（二十二碳六烯酸）等的制备。

虽然高效动态规整填料塔的操作压力可以降到很低，但由于其物料在塔釜的停留时间较长和塔釜物料本身造成的压降会造成热敏性较强的物料在塔釜发生分解和聚合等反应。针对这种情况，Cvengros 等提出以刮膜式蒸发器来代替常规填料塔的再沸器，这是因为刮膜式蒸发器具有蒸发效率高、传热系数高、热通量大、停留时间短、可消除结焦结垢以及可消除塔釜液体本身造成的压降等一系列优点。Cvengros 等认为经改进后，可解决热敏性物料在塔釜高温区的停留时间过长、塔釜物料本身造成的静压力使釜温升高以及由于塔釜物料的受热不均等造成塔釜物料的热分解、部分结焦和结垢等问题，改进后的装置与常规的真空精馏塔相比更加适用于热敏性物料的分离。

四、节能精馏

1. 多效精馏

在多效精馏中，一个精馏塔被分成了多个压力不同的塔，每个塔称为一效，前一效的压力高于后一效，并且维持相邻两效之间的压力差，足以使前一效塔顶蒸汽冷凝温度略高于后一效塔釜液体沸腾温度，且前一塔的冷凝器与后一塔的再沸器耦合成一个换热器，各效分别进料。第一效用外来热剂加热，塔顶蒸汽进入第二效的塔釜作为热剂并同时冷凝成产品，依此类推，直至最后一效，塔顶蒸汽才用外来冷剂冷凝成产品。多效精馏如图 4-1-10 所示。

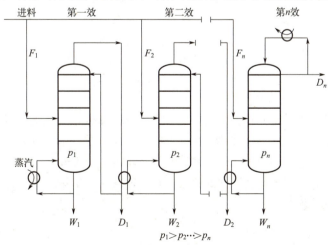

图4-1-10　多效精馏

2. 热泵精馏

热泵精馏是把精馏塔顶的蒸汽加压升温，并重新返回塔内作为再沸器的热源，以回收其冷凝潜热。热泵系统实质上是一个制冷系统，主要设备为压缩机和膨胀阀。

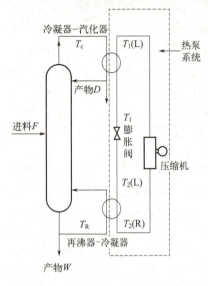

图4-1-11　热泵精馏流程

热泵精馏流程见图4-1-11。其工作原理为：工作介质经压缩后在较高露点下冷凝，放出的热量供再沸器中的物料汽化；被液化的工作介质经过膨胀，在低压下汽化，汽化时需要吸收热量将塔顶冷凝器的热量移去。通过压缩机和膨胀阀的作用使工质冷凝和汽化，将塔顶的低温位热量送到塔底高温位处利用，整个系统因而得名热泵。热泵系统中压缩机消耗的能量，是唯一由外界提供的能量，它比再沸器直接加热所消耗的能量少得多，一般只相当于后者的20%～40%。

五、多组分精馏

工业生产中需用精馏方法分离的混合液，常为两个以上组分组成的多组分溶液。所以，实际生产中多组分溶液的精馏要比双组分溶液的精馏多。

多组分精馏所依据的原理及生产设备与双组分精馏基本相同，但由于系统内组分数目增加，影响精馏操作的因素也增多。因此，实际生产操作控制过程中要特别注意其区别于双组分精馏的特征，以确保分离要求。

1. 侧线出料的精馏塔

在双组分精馏过程中，塔内沿塔高不同位置处，物料组成不相同。生产中为获得不同浓度的产品，常在塔身不同高度处开出料口，侧线引出部分物料作为产品，称为侧线出料。侧线抽出的产品可以是饱和液体，也可以是饱和蒸汽。

对于多元精馏塔，为了获得不同成分或不同组成的产品，也可采用侧线出料的方法。根据工艺要求，侧线出料既可直接作为产品，也可将其引入副塔，继续分离以获得符合要求的产品。图4-1-12所示为多组分混合物侧线出料的精馏装置。

多组分混合物进入精馏塔的下部区域。多组分混合物在每个塔板上沸腾，使当时的轻质烃类的混合物（LS）部分汽化并向上流动，与此同时重质烃类组分（SS）向下流到下一个塔盘。结果是在分离塔的上部塔盘富集了轻质烃类组分（LS），而同时下部塔盘主要是重质烃类组分（SS）。塔顶产物主要包括轻质烃类组分，塔底产物主要包括重质烃类组分。

根据采出口的高度，从侧面采出的产品包括不同浓度的重质烃类的混合物（SS）、中质烃类的混合物（MS）和轻质烃类的混合物（LS）的馏分。这些馏分也称作侧取馏分。

为了能够在较高的分离塔中得到较大的温度差和因此分离沸点范围相距较大的馏分，常常在两个侧面采出口之间采出和冷却混合物，并且再输入这些混合物。这样的精馏塔可能高达50m，如图4-1-13所示。

2. 多个塔串联的多组分精馏

生产中最常见的多组分精馏是：用普通精馏塔以连续精馏的方式将多组分溶液分离为纯

组分。很显然，这需要多个精馏塔，分离三组分溶液需要两个塔，分离四组分溶液需要三个塔，分离 n 个组分溶液需要（n-1）个塔。

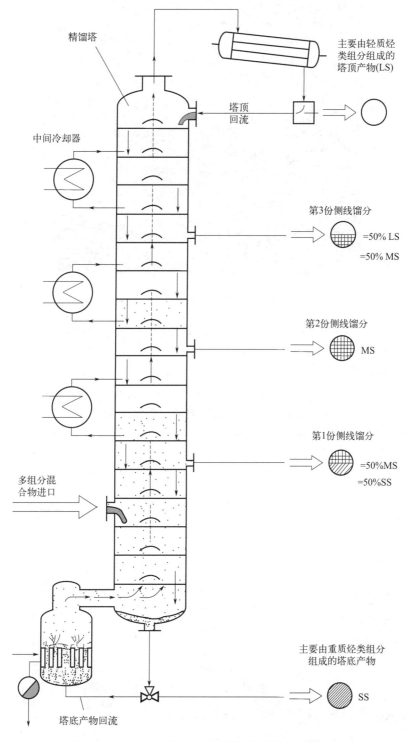

精馏塔

主要由轻质烃类组分组成的塔顶产物(LS)

塔顶回流

中间冷却器

第3份侧线馏分
=50% LS
=50% MS

第2份侧线馏分
MS

第1份侧线馏分
=50%MS
=50%SS

多组分混合物进口

主要由重质烃类组分组成的塔底产物
SS

塔底产物回流

图4-1-12　多组分混合物侧线出料的精馏装置

图4-1-13　多组分精馏塔

现以分离四组分溶液为例介绍其过程特征。如图 4-1-14 所示为四组分溶液精馏流程，按挥发度由大到小，四组分分别为 A、B、C、D。

在第 1 座精馏塔，混合物进口位于下部塔区，精馏塔得到纯净塔顶产物——最轻质烃类组分 A。第 1 座塔器的塔底产物含有该混合物的其他组分。这部分混合物送入第 2 座精馏塔，在该塔中混合物再次分离出下一种最轻质烃类的纯净组分 B。第 2 座塔器的塔底产物含有剩余的组分，将它们送入下一座塔器，以此类推。在最后一座塔器分离剩下的两种组分 C 和 D。

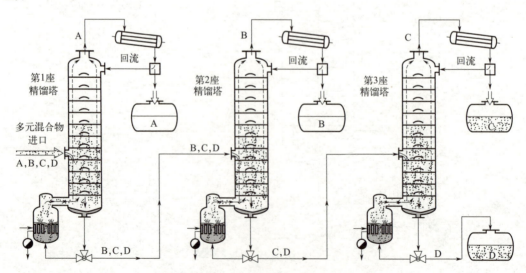

图4-1-14　四组分串联精馏流程示意图

利用精馏分离多组分混合物的重要工业应用实例是石油炼制（英语：crude oil refining）。因为石油炼制的生产量很大，所以石油炼制采用连续精馏工艺。

石油主要由烷烃、烯烃、环烷烃和芳烃等组成。常压下各个组分液体的沸点温度在50～500℃之间。无论对原油进行研究或进行加工利用，都必须对原油进行分馏。分馏就是按照组分沸点的差别将原油"切割"成若干"馏分"，每个馏分的沸点范围简称为馏程或沸程。

在炼制时，不能将多组分石油混合物分解成单一组分，而是分离成具有规定沸点范围的分混合物馏分。

馏分常冠以汽油、煤油、柴油、润滑油等石油产品的名称，馏分并不是石油产品，石油产品要满足油品规格的要求，还需将馏分进行进一步加工才能成为石油产品。各种石油产品在馏分范围之间有一定的重叠。

石油馏分的划分：

常压精馏开始馏出的温度到200℃（或180℃）之间的轻馏分称为汽油馏分（也称轻油或石脑油馏分）。

常压精馏200℃（或180℃）到350℃之间的中间馏分称为煤柴油馏分或常压瓦斯油（AGO）。

常压下350℃到500℃的高沸点馏分称为减压馏分〔也称为润滑油馏分或称减压瓦斯油（VGO）〕。

减压后大于500℃的油称为减压渣油（VR）。

一般人们把常压精馏后大于350℃的油称为常压渣油或常压重油（AR）。

由于原油从350℃开始即有明显的分解现象，所以对于沸点高于350℃的馏分，需在减压下进行精馏，在减压下精馏出馏分的沸点再换算为常压沸点。

因为原油具有特性不同的组分，考虑产品的有关要求，常利用许多依次串联的或者并联的装置单元来分离原油，如图4-1-15所示。其中包括以下分离塔：

（1）用于粗略分离的主分离塔　首先利用管式炉将石油加热至沸腾温度，然后将它送入主分离塔。在主分离塔原油将粗略地分离成轻质烃类的塔顶馏分、重质烃类的塔底馏分以及许多中质烃类的侧线组分（侧取馏分）。

主分离塔的下部塔区在大气压下利用输入的水蒸气（载蒸汽、汽提蒸汽）运行。水蒸气会使塔器中的混合物沸点温度降低，从而以相对较低的温度精馏。除此以外，汽提蒸汽将浓缩从塔底产物汽提的轻质烃类组分并利用分层器从液态塔顶产物中洗去水溶性污染物，例如盐。

在主分离塔顶部馏出混合蒸汽，该蒸汽含有最轻质烃类的石油组分。这部分蒸汽将在塔顶冷凝器和分层器中分离成室温下是气态的炼厂气和直馏汽油馏分。

主分离塔的塔底馏分是重质加热用油。这部分油既可以用作汽车燃油，也可以在真空塔中分离出它的各个组分。

（2）用于分离轻质烃类组分的过压分离塔　直馏汽油馏分还包括挥发性组分。将该馏分泵入过压分离塔。该塔以过压运行，原因是利用加压可以使大气压下气态的组分液化并可以利用精馏来进一步分离。塔顶产物是液化石油气和炼厂气的混合物。利用分层器来分离塔顶产物。塔底产物是汽油馏分。

（3）用于限定侧取馏分的侧取分离塔　将主分离塔的侧取馏分送入侧取分离塔。这是一个纯汽提塔，它利用汽提蒸汽运行。在侧取分离塔中还可以汽提该馏分存在的轻质烃类的低沸点温度组分。塔底产物是煤油和轻质加热用油馏分。

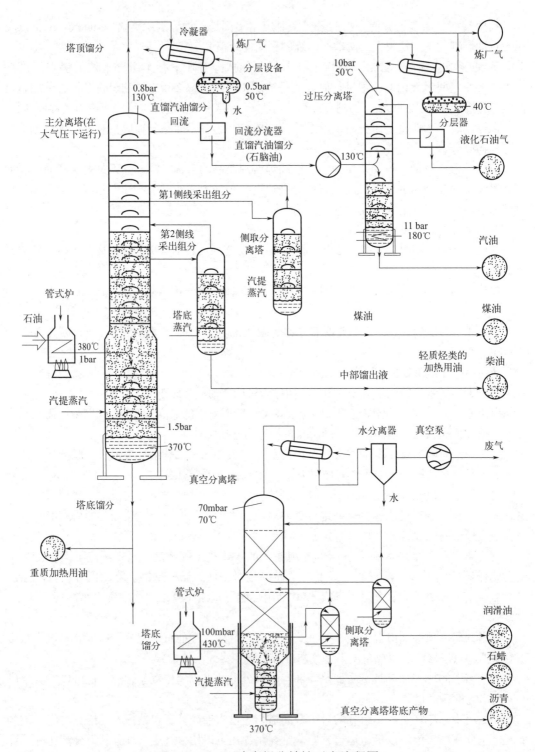

图4-1-15　石油多组分精馏示意流程图

可以将主分离塔的塔底馏分直接用作重质加热用油（工业装置的燃料）。这部分含有石油的所有重质烃类组分。

（4）用于分离重质烃类组分的真空分离塔　在需要高沸点的石油产物——润滑油、石蜡和沥青时，应该将主分离塔的塔底馏分（重质加热用油）送入真空分离塔，并在该真空塔中，将主分离塔的塔底馏分分离成其他组分。这一分离塔装有填充剂并在真空下运行，目的是降低组分的沸腾温度。如在大气压下精馏热力分离重质烃类组分时，将会导致塔底馏分的离解和在塔底结焦。真空分离塔的塔底产物是沥青。

真空分离塔的侧线采出组分是具有不同的碳链结构和长度的润滑油和石蜡。润滑油和石蜡都是浓稠液体及膏状的。在侧取分离塔中再一次利用汽提蒸汽来净化轻质烃类组分。

在真空分离塔的塔顶装有冷凝器、水分离器和真空泵。真空泵在塔器中产生负压并抽吸最后的挥发性组分。这些挥发性组分将作为废气离开装置，或者利用它的热值，或者送入火炬燃烧。

六、分子精馏

分子精馏属于高真空下的单程连续精馏技术。利用不同物质分子平均自由程的不同使其在液体表面蒸发速率不同，从而达到分离目的，过程如图 4-1-16 所示。相对于普通的真空精馏，分子精馏汽液相间不存在相平衡，是一种完全不可逆过程。

分子平均自由程是指气体分子在连续碰撞之间所走路程的平均值，与压力成反比，而与温度成正比。从理论上讲，分子精馏时，蒸发面和冷凝面的间距应小于或等于被分离物质蒸汽分子平均自由程，这样由蒸发表面逸出的分子可以毫无障碍地飞射并凝聚在冷

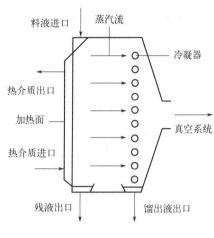

图4-1-16　分子精馏

凝器表面上，而通过分析研究指出即使蒸发面和冷凝面间距达到 50mm 对分子精馏速率和精馏过程也无明显影响。

分子精馏是依靠不同物质的分子在运动时的平均自由程的不同来实现组分分离的一种特

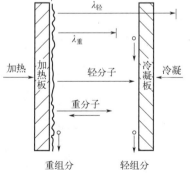

图4-1-17　分子精馏原理

殊液液分离技术。混合液中的轻分子的平均自由程较大，而重分子的平均自由程较小。如图 4-1-17 所示。

与普通精馏相比，分子精馏具有如下特点。

（1）分子精馏在极高的真空度下进行，且蒸发面与冷凝面之间的距离很小，因此在蒸发分子由蒸发面飞射到冷凝面的过程中，彼此发生碰撞的概率很小。而普通精馏包括减压精馏，系统的真空度均远低于分子精馏，且蒸汽分子需经过很长的距离才能冷凝为液体，其间将不断地与液体或其他蒸汽分子发生碰撞，整个操作系统存在一定的压差。

（2）减压精馏是蒸发与冷凝的可逆过程，汽液两相可形成相平衡状态；而在分子精馏过程中，蒸汽分子由蒸发面逸出后直接飞射到冷凝面上，理论上没有返回蒸发面的可能性，故分子精馏过程为不可逆过程。

（3）普通精馏的分离能力仅取决于组分间的相对挥发度，而分子精馏的分离能力不仅与组分间的相对挥发度有关，而且与各组分的分子量有关。

（4）只要蒸发面与冷凝面之间存在足够的温度差，分子精馏即可在任何温度下进行；而普通精馏只能在泡点 - 露点温度下进行。

（5）普通精馏存在鼓泡和沸腾现象，而分子精馏是在液膜表面上进行的自由蒸发过程，不存在鼓泡和沸腾现象。

分子精馏具有操作温度低、受热时间短、分离速度快、物料不会氧化等优点。目前该技术已成功地应用于制药、食品、香料等领域，其中的典型应用是从鱼油中提取 DHA 和 EPA，天然及合成维生素 E 的提取等。此外，分子精馏技术还用于提取天然辣椒红色素、α- 亚麻酸，精制羊毛酯以及卵磷脂、酶、维生素、蛋白质等的浓缩。

七、精馏技术前沿

精馏技术发展至今，其发展方向已经从常规精馏转向解决普通精馏过程无法分离的问题，通过物理或化学的手段改变物系的性质，使组分得以分离，或通过耦合技术促进分离过程，并且要求低能耗、低成本，向清洁分离发展。在精馏基础研究方面：研究深度由宏观平均向微观、由整体平均向局部瞬态发展；研究目标由现象描述向过程机理转移；研究手段逐步高技术化；研究方法由传统理论向多学科交叉方面开拓。

例如以下精馏打破了人们对传统精馏的认识。

（1）毛细管精馏　毛细管精馏主要是利用多毛细孔固体介质如多孔毛细管板或填料的表面与液体混合物各组分分子的相互作用力而产生的一种精馏技术。由于液体组分间极性的差异，导致多毛细孔固体介质与混合物各组分间所产生的相互作用力的大小不同，相应地改变了液体混合物各组分间的相互性质如组分间的汽液平衡、活度和相对挥发度等性质，从而达到精馏分离的目的。毛细管精馏可以在一个分离塔装置内进行，仅依靠塔内件的特殊作用就可以改变共沸物系的汽液平衡关系，使共沸点消失，该分离技术不需要使用外加的共沸剂，所以也就不需要共沸剂的回收分离塔，不仅节能，而且减少了分离过程溶剂的损耗和排放，对环境是友好的。毛细管精馏与传统的填料塔和板式塔精馏技术相比，具有分离共沸物系的优势，主要是由于其独特的毛细管结构导致的共沸物系汽液两相流动的接触方式及汽液平衡关系的不同。

（2）超重力精馏　超重力精馏技术核心是折流式旋转床，折流式旋转床的转子为动静部件组合结构，其中动部件为动盘和动折流圈（圈上开有小孔），静部件为静盘和静折流圈。动静两组折流圈相对且交错嵌套布置，动静折流圈之间的环隙加上动折流圈和静盘及静折流圈和动盘之间的缝隙，构成了气体和液体流动的曲折通道。操作时，液体由上而下顺序流过各个转子，在转子内受离心力作用自中心向外缘流动，气体自下而上依次流过各个转子，在转子内受压差作用自外缘向中心流动，这样便实现了单个壳体内汽液两相接触级数的成倍提高。

（3）隔壁精馏　隔壁精馏塔简称 DWC，DWC 是在精馏塔内部设置一个垂直隔板，将精馏塔分为上段、下段，以及由隔板分开的精馏进料段及中间采出段，共四部分。隔壁塔技术在多元物系分离中的成功运用，证明了其在降低能耗、减少设备投资方面的巨大潜力。近年来，研究者们已着眼于将隔壁塔技术应用于特殊精馏体系，如反应精馏、萃取精馏、共沸精馏等新领域，以期最大限度降低能耗。近年来，国外正在加快隔壁塔的工业化步伐，并取得了令人瞩目的成果。我国对隔壁塔的研究较少，更缺少实际工业化应用。加快此项技术的开发和工业应用步伐，并且拥有独立的知识产权，对降低工业生产的能源消耗，减少 CO_2 的排放，推动我国石油、化工行业的发展具有重要意义。

（4）微波反应精馏　反应精馏技术经过几十年发展，已经开发出多种工艺，并成功应用于工业生产中。但鉴于反应精馏技术本身的局限性，如反应速率过慢或反应条件与精馏条件不匹配等，该技术并不能应用于所有的反应体系。针对反应精馏技术受到的某些局限性，利用微波对物质作用的特殊性，来弥补反应精馏技术的局限性，使反应与精馏过程条件相匹配，开发出一种新型过程耦合强化技术——微波反应精馏。

小贴士

各种精馏技术的进步是一代代科学家们不断探索研究、设计开发的成果，每一点滴的技术进步无不凝结着前辈们的智慧和付出。随着我国经济水平与科学技术不断进步发展，化工精馏技术也随之不断完善优化。特别是精馏高效节能技术的研发与应用，不仅提升了产品的质量，还帮助化工企业缩减生产成本，有效提升企业经济效益，从而推动化工行业的高效快速发展。希望更多的有志青年积极投身于化工精馏技术的改革之中，用自己的所学为化工技术的发展贡献力量。

巩固练习

一、判断题

1. 对乙醇 - 水系统，用普通精馏方法进行分离，只要塔板数足够，可以得到纯度为 0.98（摩尔分数）以上的纯酒精。（　　　）

2. 含 50% 乙醇和 50% 水的溶液，用普通精馏的方法不能获得 98% 的乙醇水溶液。（　　　）

3. 常用的特殊精馏方法有恒沸精馏和萃取精馏，两种方法的共同点是在被分离溶液中加入第三组分以改变原溶液中各组分间的相对挥发度而实现分离。（　　　）

4. 水蒸气精馏时，加热蒸汽间接通入精馏塔塔釜。（　　　）

5. 化学反应和精馏不能在精馏塔内同时存在。（　　　）

二、单选题

1. 要想得到 98% 质量分数的乙醇，适宜的操作是（　　　）。
   A. 简单蒸馏　　　　　　　　　　B. 精馏
   C. 水蒸气精馏　　　　　　　　　D. 恒沸精馏

2. 对温度敏感的高沸点混合液，可采用的经济的精馏方法是（　　　）。
   A. 萃取精馏　　　　　　　　　　B. 反应精馏
   C. 水蒸气精馏　　　　　　　　　D. 恒沸精馏

3. 石油炼制是（　　　）精馏的重要工业应用实例。
   A. 萃取精馏　　　　　　　　　　B. 多组分精馏
   C. 水蒸气精馏　　　　　　　　　D. 恒沸精馏

4. 以下精馏中，需向双组分混合液中加入第三组分的是（　　　）。
   A. 萃取精馏　　　　　　　　　　B. 反应精馏
   C. 水蒸气精馏　　　　　　　　　D. 多组分精馏

5. 以下不属于精馏的是（　　　）。

　　A. 膜精馏　　　　　　　　　　B. 反应精馏

　　C. 单组分精馏　　　　　　　　D. 超重力精馏

三、填空题

1. 用于对温度敏感的高沸点有机混合物的经济的精馏方法是_____和_____。

2. 分离苯 - 环己烷的混合液适用于_____精馏。

3. 石油炼制适用于_____精馏。

四、简答题

简述恒沸精馏与萃取精馏的异同点。

附录

某些二元物系的汽液平衡组成（101.3kPa）

（1）乙醇 - 水

温度 /℃	乙醇的摩尔分数		温度 /℃	乙醇的摩尔分数	
	液相中	汽相中		液相中	汽相中
100	0.0	0.0	81.5	0.3273	0.5826
95.5	0.0190	0.1700	80.7	0.3965	0.6122
89.0	0.0721	0.3891	79.8	0.5079	0.6564
86.7	0.0966	0.4375	79.7	0.5198	0.6599
85.3	0.1238	0.4704	79.3	0.5732	0.6841
84.1	0.1661	0.5089	78.74	0.6763	0.7385
82.7	0.2337	0.5445	78.41	0.7472	0.7815
82.3	0.2608	0.5580	78.15	0.8943	0.8943

（2）甲醇 - 水

温度 /℃	甲醇的摩尔分数		温度 /℃	甲醇的摩尔分数	
	液相中	汽相中		液相中	汽相中
92.9	0.0531	0.2834	77.8	0.2909	0.6801
90.3	0.0767	0.4001	76.7	0.3333	0.6918
88.9	0.0926	0.4353	76.2	0.3513	0.7347
86.6	0.1257	0.4831	73.8	0.4620	0.7756
85.0	0.1315	0.5455	72.7	0.5292	0.7971
83.2	0.1674	0.5585	71.3	0.5937	0.8183
82.3	0.1818	0.5775	70.0	0.6849	0.8492
81.6	0.2083	0.6273	68.0	0.7701	0.8962
80.2	0.2319	0.6485	66.9	0.8741	0.9194
78.0	0.2818	0.6775			

（3）苯 - 甲苯

温度 /℃	苯的摩尔分数		温度 /℃	苯的摩尔分数	
	液相中	汽相中		液相中	汽相中
110.6	0.0	0.0	89.4	0.592	0.789
106.1	0.088	0.212	86.8	0.700	0.853
102.2	0.200	0.370	84.4	0.803	0.914
98.6	0.300	0.500	82.3	0.903	0.957
95.2	0.397	0.618	81.2	0.950	0.979
92.1	0.489	0.710	80.2	1.0	1.0

参考文献

［1］张弓.化工原理（下册）［M］.北京：化学工业出版社，2011.

［2］陈敏恒，丛德滋，齐鸣斋，等.化工原理（下册）.5版［M］.北京：化学工业出版社，2020.

［3］张宏丽，闫志谦，刘兵，等.化工单元操作.3版［M］.北京：化学工业出版社，2021.

［4］李小西，李治国，周广启.精馏塔操作中典型问题论述及实例解析［J］.现代盐化工，2016（2）：35-36，38.

［5］黄晓峰，翁文琳.精馏单元操作实训指导［M］.北京：化学工业出版社，2016.

［6］雒朋英，王红娟.新型蒸馏技术及应用研究［J］.化工管理，2016（3）：172.

［7］王俊杰.化工行业精馏高效节能技术的开发及应用［J］.中国高新科技，2023（4）：102-103.